雪山鸡高效健康养殖技术

陈国宏　常国斌　张康宁　主编

中国农业出版社
农村设物出版社
北　京

雪山鸡高效健康养殖技术

内 容 简 介

雪山鸡为全国市场占有率最大的慢速型优质肉鸡配套系之一，具有早期羽毛生长快、早熟、抗逆性强、觅食能力强等特性，年出栏量达3亿只以上。《雪山鸡高效健康养殖技术》的出版，将对雪山鸡产业的健康发展起到重要作用。

全书分为7个章节，第一章为优质鸡产业现状与发展趋势，内容涵盖家鸡的起源与进化、优质鸡的发展历史、现状与趋势；第二章关注雪山鸡的培育及其生产性能，主要介绍雪山鸡的培育过程以及主要特征，与其他品种相比的优势等；第三章从营养需要量及饲料配制技术阐述雪山鸡的营养需要及专用饲料配制技术；第四章就雪山鸡健康养殖技术进行了探讨，总结概括了优质鸡的常见养殖方式以及雪山鸡父母代、商品代的饲养管理和环境控制技术；第五章探讨雪山鸡主要疫病（包括病毒病、细菌病和寄生虫病）的防控技术；第六章雪山鸡产品加工与质量控制介绍雪山鸡的主要产品以及冰鲜型雪山鸡加工工艺；第七章主要介绍育种新技术在雪山鸡中的应用，关注雪山鸡早熟、肉用、生长、繁殖、抗逆五大性状的选育技术及进展，并重点介绍基因组选择育种在雪山鸡中的应用。

现代肉鸡养殖是一个由多环节构成、多学科交叉和多项技术集成的系统工程，全书涵盖雪山鸡健康养殖中遗传育种、饲料营养、饲养管理、疾病防治、产品加工5个关键环节，该书的出版有助于促进养殖投入节约化、过程环保化和鸡肉产品优质化，对家禽养殖业的转型升级与可持续发展具有重要意义。

雪山鸡高效健康养殖技术

编写人员名单

主　　编： 陈国宏　常国斌　张康宁

副 主 编： 刘岳龙　袁青妍　许盛海

参编人员：（按姓名笔画排列）

王志秀　白　皓　毕瑜林　朱志谦

朱沛霁　江　勇　许勤迎　杨　铜

李建超　李碧春　张　扬　张　钰

陈本生　武　玮　金　松　徐　琪

目录
Contents

第一章

优质鸡产业的现状及发展趋势

我国每年肉鸡生产和消费量100多亿只，是鸡肉生产和消费大国，全球排名第二。随着产业结构调整和供给侧结构性改革的深入，以及消费者对生态、绿色、优质鸡肉和鸡蛋产品的需求量日益增加，鸡肉生产逐渐从“数量型”向“质量型”转变。优质鸡产业化进入快速发展期，商品化程度不断提高，新品种配套系的选育与推广应用逐渐进步，生产经营管理体系日趋完善，科技化水平不断提高。

第一节　优质鸡的起源与驯化

通过线粒体DNA测序的方法，研究表明红原鸡是家鸡的直系祖先物种。除红原鸡之外，绿原鸡、灰原鸡及锡兰原鸡也可与家鸡交配并产生具有繁殖能力的后代，因此不能完全排除其他原鸡对家鸡物种形成的贡献。

一、家鸡的起源

家鸡的起源，存在着“单起源”与“多起源”的争议，但多数学者倾向于单起源或者多个驯化中心的论点。达尔文在《动物和植物在家养下的变异》中最初提出家鸡起源于公元前2000年的印度大峡谷中的红原鸡，并由此逐步扩散至全球。后来也有人认为，家鸡最早起源于缅甸的红原鸡，然后扩散。也有学者认为，其他3种原鸡（灰纹原鸡、黑尾原鸡和绿领原鸡）对家鸡的起源也有贡献。

现已普遍认为红原鸡是家鸡的唯一起源。因为这种原鸡在形态、啼声、羽色和一般习性上都与家鸡极为类似，并且与家鸡杂交的后代具有繁殖力。而原鸡属的其他三个种，即黑尾原鸡、灰纹原鸡及绿领原鸡，它们的羽色与家鸡属于不同类型，啼声也很特殊，并且均难于饲养繁殖；另外它们的分布地区都与人类文化启蒙的可能地点较远，因此，认为它们不是家鸡的祖先。

二、家鸡的驯化与演化

家鸡是经红原鸡驯化而成，我国家鸡最初的驯化与扩散过程根据现有资料及研究很难下一定论。许多学者分别从不同方面对我国家鸡的驯化与演化过程进行考证与推理，形成了以下 3 种不同的观点。

北方驯化说。薄吾成根据民族学与考古学的研究认为，古代居住于我国北方的东夷人是中国驯化原鸡成家鸡的祖先。家鸡最初由我国北方驯化而成，并逐渐向周围扩散。

在全国各地普遍发掘的新石器时代的遗址中，发现最早有家鸡骨骸存在的磁山、北辛和裴李岗文化遗址正是东夷族领地内。东夷族地域是我国家鸡的“鸡源”。随着黄河流域东夷族、华夏族的融合，促使河渭、海岱地域通过中原连成一片。东夷人驯养的家鸡也随之分布到全中国。大汶口遗址的鸡骨晚于鸡源骨骸年代约 1 800 年；甘肃兰州西坡山瓜、东乡林家文化遗址晚于鸡源骨骸约 2 200 年。出土家鸡骨骸的时代次序也基本反映了民族迁徙、融合带来的家鸡扩散传播的概况。

南方驯化说。谢成侠认为，中国鸡种是由中国西南地区境内原有的野鸡种在南方经过驯化而成。中国家鸡起源于下述两种野鸡，即云南省南部和怒江一带的滇南原鸡和在广西、海南岛的海南原鸡。后者在西方被称之为北部湾鸡，这些野鸡很可能和我国古代的鸡种有血缘关系，以后再向北传播。

多地驯化说。有专家认为，家鸡并不是由一个驯化中心驯化而成，而是由居住在亚洲的各民族先后驯养而成。陕西省西安市半坡遗址发现过原鸡属鸟类遗骨。在新石器时代的属于龙山文化时期的三门峡庙底沟的居民点遗址中亦发现有鸟骨，经鉴定为鸡的大、小腿骨及前臂骨，但未能肯定到底是原鸡还是家鸡的骨骼。郑作新认为，原鸡不仅分布于中国的南部，而且广泛分布于黄河、长江流域一带，这些地区也正是人类文化启蒙的可能地点。因此认为我国家鸡是分别在南方和北方的多个地区驯化而成。

第二节 优质鸡的历史与文化

我国养鸡业可以追溯到 7 000 多年以前，起源于新石器时代的早期，是世界上最早养鸡的国家。

一、优质鸡文化

优质鸡文化在中国历史长河中沉淀了几千年，已经成为中国传统民族文化的瑰宝。林小春等研究表明，殷墟的甲骨文中的“鸡”字就有 10 种以上的写法，其中一种字形似用绳子系住了“鸡”的腿与爪，由此推测出殷商时期的先民可能是将鸡系着进行驯养的。说明鸡在商朝就有文字可查的历史，其驯化历史至少约 4000 年，但这不代表在有原始文字以前的时代就没有家禽。考古学家和历史学家在我国邯郸磁山发现较多的鸡距骨（鸡腿下端连接趾爪的长大的跗骨），其长度接近现代家鸡的距骨，经专家综合分析，发现磁山遗址出土的家鸡是经过人工驯养了的家鸡且有人工选择的因素，磁山鸡骸骨是至今我国发现最早的家鸡骸骨；在甘肃天水西山坪大地湾一期文化中，发现了距今 8 000 年左右的家鸡，也就是说早在公元前 6 000 年左右新石器时代的早期，中国即已开始驯养家鸡，这比原来世界上公认的印度最早饲养家鸡的时间提前了 3 300 年。

但古时候驯养的鸡，并非只是为了给人类提供肉和蛋，最主要的目的是供竞赛和娱乐用，“斗鸡”就是其中的一种。斗鸡据历史考证有 2800 多年的历史，是发源于亚洲的一种古老游戏。《史记》和《汉书》上多处记载有关“斗鸡走狗”之事，当时的斗鸡、走狗、赛马等竞技游戏多为王公贵族的主要娱乐项目，并逐渐向平民阶层推广。由此可见鸡、狗、马等六畜为人们享受欢愉的精神生活提供重要来源；在春秋战国时期斗鸡盛行，如鲁国产的大型善斗品种——鹍鸡，便是用于官宦人家及贵族的娱乐；唐高宗时期，斗鸡运动十分流行。

《史记》中记载鸡可当司晨的活时钟，以鸡鸣为一日之晨，徐海荣在《中国娱乐大典》中记载南朝梁代沈约的《袖中记》：“移风县有鸡，雄鸣长旦，其声清如吹角，每潮至则鸣，故呼为鸡潮”。说的就是秦志华等所述的产于南方濒海各地的供古代报时用的长鸣鸡。

从汉墓出土的铜酒壶上的铜鸡到晋墓中的鸡陶俑，以及汉代扬雄《方言》中的当时南北各地鸡的不同称呼可以证明汉代以后鸡种在进化；明代李时珍《本草纲目》中“鸡种甚多，五方所产，大小形色往往亦异”。其中提到了各处鸡种。清朝初期杨岫《豳风广义》卷三指出，仅在我国陕西省境内已有肉用和卵用两个类型的鸡种。

二、中国古代优质鸡品种

我国养鸡历史悠久，其数量长期居世界前列。中国古代在南北各地区都普遍养鸡且已培育出了大小和形色有异的鸡种。据《尚书·禹贡》中记载，禽类羽毛出产于南方，主要用于装饰、娱乐等功能；这表示在古代鸡的养殖已经非常普遍。在养鸡发展过程中，中国古代产生过不少独特的鸡品种，其中，超过 1 000 年养殖历史的主要品种有：汶上芦花鸡、辽宁五黑鸡和杏花鸡等。

汶上芦花鸡：早在春秋时期，汶上百姓就开始饲养这种适应性强，生长发育快，肉质好，羽色鲜亮的芦花鸡，因在汶上县，起名为汶上芦花鸡。清朝光绪年间，汶上县志就有“汶上芦花大公鸡”的记载。在路雨等的研究中认为形成汶上芦花鸡独特羽色的原因有 3 个；一是自然选择进化的结果；二是汶上县主要为湖区，交通不便，与外地鸡种杂交机会较少；三是人为选择。经过长期的饲养与繁育，汶上百姓总结出了雏鸡的选育经验："黑鸡白顶门瓜，长大必定是芦花"，对保护品种纯正和稳定羽色起到了重要作用。

辽宁五黑鸡：又名明代黑毛乌骨鸡、起源于明朝神农架（今湖北辖区），现有1 300多年的养殖历史，具有黑毛、黑皮、黑肉、黑骨、黑内脏"五黑"特征，鸡蛋外壳为绿色，是世界罕见的珍禽极品。明代李时珍《本草纲目》中的历史记载：五黑鸡对慢性营养不良型水肿、十二指肠溃疡、胃炎、肝炎、风湿性关节炎、宫颈炎、赤白带、产后虚弱等疾病有显著疗效。

杏花鸡：在清朝年间，杏花鸡一直是贡品，据史料记载，已有1 000多年的养殖历史，莫棣华指出杏花鸡以其皮薄脆口，柔嫩骨软而闻名，直到1949年后仍是广东省活鸡出口的主要品种之一，各级政府及院校都关注鸡的产业发展，先后向广州、罗岗、江村、东圃、佛山、新兴等地区发展。到21世纪初，通过对杏花鸡进行选育、利用与保种，以此杏花鸡的发展作为增加农民收入的重要途径，促进经济的发展。

三、近代优质鸡养殖历史

在近代，鸡的驯化目的是为人们提供各种特色的蛋、肉等食品。但是长期以来生产方式落后，生产水平低下，直到19世纪鸡肉和鸡蛋才成为大量生产的商品。在长期封建、半封建和半殖民地的统治下，我国的养鸡业是农家副业，以农家庭院散群放养为主要生产方式，一直处在粗放饲养、自生自灭的状态，当时的鸡养殖业存在生长速度慢、饲料利用率低、商品一致性差等状况。

新中国成立后，结合中国国情，在政府的鼓励与支持下，从国外引进相关鸡种，建立养鸡场，逐渐稳定发展养鸡业，我国的养禽业得以迅速恢复和发展。特别是改革开放以来，随着优良鸡种的推广应用，饲养方式的更新改进，慢慢地生产出生长速度适宜、肉质好、高蛋白、低脂肪的动物性食品，并形成品种、饲养、加工、运输、贸易全产业链模式。

目前我国的优质鸡产业，向蛋用或肉用为主以及观赏用或药用为辅的多元化方向发展。伴随着我国家禽业的迅猛发展，优质鸡产业集约化程度社会化程度也进一步提高。

第三节　优质鸡产业现状及发展趋势

一、优质鸡产业现状

优质鸡具有地方优良品种血缘、肉质鲜美、鸡味浓郁、生长速度适宜、抗病能力强、农家放养适合中式烹饪等特征。我国优质鸡有上千年的养殖历史，风味独特，适合中国人消费习惯，在我国畜禽产品结构中占有重要地位。据统计，优质鸡约占我国畜牧业总产值的13%，有效解决了一些“三农”问题，稳定了社会结构，带动了农民增收致富。根据中国畜牧业协会统计，2019 年优质鸡祖代存栏约 125 万套，父母代存栏约 3 900 万套，年出栏商品鸡 49 亿羽，首次超过白羽肉鸡养殖量。

与白羽肉鸡产业相比，优质肉鸡在产品结构、产销分布和产销方式等方面都有较大差异。从产品结构看，优质肉鸡分为快速型、中速型和慢速型，上市日龄分别为 65 天以内、65～95 天和 95 天以上。另外，还有一些肉蛋兼用型品种。从产销分布看，优质鸡主要集中在长江以南，不同地区对优质鸡的喜爱存在差异。我国西南地区中速型肉鸡较多，两广地区慢速和中速型居多，华东、华中和港澳地区偏好快速型和中速型。从产销方式看，优质肉鸡生产方式主要为农家放养和“公司＋农户”的合约模式，消费群体集中在家庭、酒店和食堂。

我国优质鸡养殖主要集中在南方地区，主产区包括华南、西南、华中和华东四大养殖产区，不同地区养殖品种和产业模式各有特点。

（一）市场需求量增加，但养殖成本逐渐升高

据统计，近十年来鸡肉产量和消费量均维持在年均增长 1%～3%的水平。2018 年 8 月，我国发生非洲猪瘟疫情，推动了禽肉消

费量的增长，因此，对优质鸡的市场需求将维持在较高的水平。并且因猪的繁殖种猪数、商品代仔猪供应量变化也会导致优质鸡的需求量激增。但是优质鸡的种苗价格、饲料成本、人工工资和其他成本不断提高，优质鸡企业已经进入了高成本时代，优质鸡产业发展需要解决的问题是如何处理好投入与产出的关系。

（二）优质鸡品种众多，但良种繁育体系还不规范，肉品质评价困难

我国约有家禽地方品种 100 多个，优质鸡种质资源十分丰富，目前我国地方优质鸡品种主要有：固始鸡、和田鸡、石岐鸡、杏花鸡、清远麻鸡、北京油鸡、桃源鸡、霞烟鸡、武定鸡、静原鸡、萧山鸡、鹿苑鸡、浦东鸡和寿光鸡等。由于资金等问题，优质鸡繁育过程存在盲目育种、较低水平重复育种，产品生产效率低、建立的繁育体系不完善等现象。同时优质鸡资源研究及开发利用存在地区不平衡性，在南方地区发展较快。许多优质鸡品种、品系未经系统选育就进行自繁或杂交等，这些产品在数量和质量上都无法保证生产者和消费者的需求。因此，建立优质鸡良种繁育体系是加快我国优质鸡生产的关键举措之一。优质鸡优质在于肉质和鸡蛋的品质，优质鸡一些优良性状目前还没有公认和客观的评定指标，肉质评定也无统一标准。

（三）市场发展良好，但风险极高

目前优质鸡以地养形式居多，笼养模式较少，据统计，我国优质肉鸡饲养量已达肉鸡饲养总量的50%。各种层次的优质鸡并存，优质鸡消费量逐渐扩大，优质鸡的屠宰加工也得到较快的发展，产业日趋规模化、集约化。但是近几年优质鸡的市场开始饱和，销售价格起伏较大，消费者在质量、价格和服务等方面都对企业提出了更高的要求，同时地方优质鸡的大众化资源开发滞后于消费者需求，未能开发出与现代消费接轨的富有特色的商品。各生产经营厂家较少有区域性的联合，产品未能联合进入市场，产业化体系建设尚未起步。而加工体系更是滞后，活鸡销售多，加工产品少，精细加工的产品更少。

二、优质鸡产业的发展趋势

目前，多种挑战使优质鸡增速放缓，产业结构逐步调整，饲养和销售方式均发生了重大变化。由于平养在生物安全方面的缺陷，网床饲养和笼养逐步增加。部分地区出台了“禁活政策”，销售方式也随之改变，冰鲜冷冻及深加工产品逐步增加。优质鸡行业面临土地、食品安全、环保、生物安全和产业装备水平等持续性挑战。

（一）建立良种繁育体系

发展产业良种是关键，优质鸡良种繁育体系以及配套模式的构建是提升我国优质鸡生产效率的关键。品种的改良要求既要保持优质鸡原有的优势，还需要持续定向进行改良和开发利用。

（二）利用现代科技推动产业转型升级

充分利用现代育种、营养、疾病防控、饲养管理、环境控制、信息化、智能化等综合技术体系，达到“提质量、降成本”的最终目标，提升企业竞争力，实现优质鸡长远发展。利用现代养殖装备提升产业水平，以达到降低劳动强度、提高劳动效率、提升行业准入门栏和提升养殖存量价值，同时发展现代化家庭农场，实现规模效益同步增长。

（三）建立饲养标准，践行健康养殖新理念

建立优质鸡的饲料原料标准、饲养标准、饲料加工标准和饲料卫生标准，从人类健康、环境生态健康和动物健康三个角度践行优质鸡健康养殖新理念。从人类健康角度看，是以提供安全、质优、营养的无公害产品为目标，做好源头把关、过程控制、质量检测工作。从生态环境健康角度而言，是要建立资源节约、环境友好局面，促进企业健康和产业可持续发展。从动物健康角度看，是指创造良好的动物生产环境，提供优质、全价、经济饲料，发挥动物生产性能的最大潜力。

（四）创出名优品牌，实现销售渠道多元化

优质鸡养殖和消费区面临着由于社会经济发展和城市扩容所带来的新挑战，在禁养和限养区不断扩大、环保拆迁愈发严格的趋势

下，需要实现销售渠道的多元化，引领优质鸡产业寻找新的业务模式。拓展新渠道、延伸产业链、优质鸡北上可以促进销售渠道的多元化。从活禽到生鲜，优质鸡新的消费形态必然促使企业在品牌打造上出现新的市场竞争。

第二章

雪山鸡的培育及其生产性能

雪山鸡是采用中国优质地方藏鸡和云南茶花鸡为主要素材，经多种杂交选育而成的新品种，属优质型肉鸡配套系。配套系商品代体型小、匀称，公母鸡单冠、青脚无毛，背部羽毛红色、腹部黑色，野性足，好斗，善于飞翔，而且还具有茶花鸡的美丽外表，母鸡颈部的羽毛为黄色，尾部羽毛为黑色，其余部分为麻羽。具有早熟、早期羽毛生长快、觅食能力强、抗逆性强等特性。雪山鸡肉质纤细嫩滑，味道鲜香可口，深受广大消费者喜爱。雪山鸡具有藏鸡的公鸡胸腹部和背部的羽毛为黑红色的特点，尾部羽毛呈墨绿色。

雪山鸡于 2004 年通过江苏省品种审定，2009 年通过国家新品种审定，经国家家禽生产性能测定站测定，雪山鸡父母代种鸡达 5%产蛋率的周龄为 22 周，平均体重 1.76 千克，66 周龄平均产蛋 170 个，种蛋受精率 94.7%，受精蛋孵化率 95.2%；商品代公鸡 13 周龄平均体重 1 550 克，平均料重比 3.2∶1，母鸡平均体重1 200克，平均料重比 3.21∶1。该品种耐粗饲，抗病力强，全国各地都能饲养，特别适合广大农村果园、树林、荒地、山坡放养，肉质鲜美，深受广大消费者喜爱。

第一节　雪山鸡的培育

一、雪山鸡选育素材

（一）育种素材来源

自 1996 年开始，江苏立华牧业股份有限公司（原称武进区立华畜禽有限公司）先后分别从西藏自治区拉萨市畜牧兽医站、云南西双版纳州畜牧兽医站和江苏省家禽科学研究所（中国农业科学院家禽研究所）引进藏鸡（8 000 个种蛋，后孵化出苗 4 500 只）、茶花鸡（8 500 个种蛋，后孵化出苗 5 400 只）和隐性白羽纯种鸡（6 000只鸡苗）构成培育雪山鸡配套系的基本素材。

（二）引进素材的主要特征

藏鸡：是西藏自治区农牧民长期饲养的地方鸡种。体型轻小，头昂尾翘，呈 U 形，胸肌发达。行动敏捷，富于神经质，翼羽和尾羽特别发达，善于飞翔。母鸡以麻色居多，主要为黄麻、黑麻、褐麻，少数为白色。公鸡冠大直立，羽毛颜色鲜艳，色泽较一致，其主翼羽、副翼羽、主尾羽和大镰羽均为墨绿色，梳羽、蓑羽多为红色或金黄色镶黑边羽，身体其他部位呈黑色，少数公鸡为芦花色。原产地性成熟较迟，开产日龄 180～210 天，公鸡成年体重 1 145～1 520克，母鸡成年体重 860～1 230 克，年产蛋 40～80 个。

茶花鸡：原产于云南省滇南地区，体型矮小细致，羽毛紧贴，肌肉结实，骨骼轻细，体躯匀称，近似船形，性情活泼，机灵胆小，好斗性强，能飞善跑。头部清秀，冠大多为红色单冠，少数复冠。喙为黑色，少数黑中带黄色。皮肤白色者多，少数浅黄色。胫、趾多呈黑色。公鸡羽毛除翼羽、主尾羽、镰羽尾黑色或黑色镶边外，其余全身红色，梳羽、蓑羽呈金黄色并有鲜艳光泽。母鸡除翼羽、尾羽多数是黑色外，身体的其他部分为麻褐色。原产地性成熟较迟，开产日龄 180 天，公鸡成年体重 1 190 克，母鸡成年体重 1 000 克，年产蛋 70～130 个。

隐性白羽鸡：引自江苏省家禽科学研究所（中国农业科学院家

禽研究所)。体型呈长方形,胸宽而深,肌肉丰满。单冠,冠、肉髯、耳叶、脸红色。羽毛以纯白为主,偶有个体白底上带浅红羽,快羽。皮肤黄色。胫、趾黄色,无胫羽。该品系体质健壮,性情温驯,早期生长速度快,公鸡成年体重 3 350 克,母鸡成年体重 2 830克;繁殖性能较好,最高产蛋率达 83%,66 周可产蛋 173 个;开产日龄 173 天。

二、雪山鸡的选育技术

(一)选育的方向

M 系(来源于藏鸡):重点选择早熟性、早期体重及体重均匀度,公母鸡都选择快羽、单冠、光胫、青色胫;剔除有就巢行为的个体。选留公鸡要求红羽墨绿色尾羽,选留母鸡要求黑麻羽色,淘汰杂色鸡和含有白羽隐性基因的个体。

N 系(来源于茶花鸡):重点选择体重均匀度、繁殖性能及早熟性,公母鸡都选择青色胫、单冠、光胫、快羽,剔除有就巢行为的个体,适度提高早期生长速度。选留公鸡要求红羽黑尾,选留母鸡要求黑麻羽色,淘汰杂色鸡和含有白羽隐性基因的鸡。

F 系(来源于隐性白羽鸡):选择快羽、纯白羽、黄色胫,剔除有就巢行为的个体,保持并适度提高早期生长速度。特别注意保持并提高其繁殖性能。

(二)各性状的选择方法

羽速:个体表型选择。各品种(系)零世代、一世代初生雏选留快羽鸡,以后各世代 10 日龄左右剔除主翼羽、尾羽未长出的个体。

羽色:个体表型选择。

M 系初生雏选留深麻羽,14~18 周龄选留母鸡深麻羽,留种公鸡要求主、副翼羽、主尾羽、大镰羽为墨绿色,颈羽、鞍羽及背羽黄色或红色有光泽的个体。

N 系初生雏选留深麻色,12~16 周龄选留母鸡深麻羽,留种公鸡要求羽色除翼羽、主尾羽、镰羽为黑色外、其余全身红色或金黄色。

F系初生雏选留纯白羽个体，淘汰头颈部带鹅黄色的个体，8周龄淘汰胸腹部有红斑羽的个体。

M系、N系零世代、一世代选留的产蛋个体均利用隐性白羽鸡测交，淘汰后代出现白羽的个体。

胫色：个体表型选择。M系、N系初生雏选留胫、趾青（黑）色的个体，M系、N系12～18周龄选留胫、趾青（黑）色个体，淘汰浅青色及草绿色、肉色个体。F系选留黄胫鸡，淘汰白色、浅青色等胫色鸡。

就巢性：个体表型选择。种鸡产蛋后随时淘汰有就巢行为的个体。

胫长：个体表型选择。M系、N系零世代和一世代全部个体测量胫长，留种个体平均值要求略高于群体平均值。

鸡冠发育：个体表型选择。选择冠长、冠高、冠色，选留的鸡要求冠面积大、冠红、面色红。M系、N系公鸡在30～35日龄选择，母鸡在14周龄选择。F系公鸡在35～42日龄选择，母鸡在15周龄选择。

冠形的选择：个体表型选择。主选单冠且直立者，淘汰其他冠形和倒冠者。

胫羽的选择：个体表型选择。主选光胫、光趾，淘汰有胫羽、趾羽的个体。

早期生长速度的选择：个体表型选择。M系、N系0～1世代采用2尾淘汰法，选择体重均匀度；第二世代以后采用1尾淘汰法，选择生长速度；F系始终采用2尾淘汰法，选择体重均匀度。

产蛋性能：种鸡记录开产日龄、开产体重、43周龄产蛋数、蛋重。根据家系选择和个体选择相结合进行选择。

（三）各阶段的选择重点

1. 选种时间

第一次：1日龄选择。出雏时，根据系谱资料进行雏鸡带翅号及个体记录工作，统计每个家系的受精率、孵化率和健雏率等指标，淘汰孵化性能过低的家系。M 系、N 系选择深麻羽、黑胫、单冠、光胫的健康个体，淘汰含有白羽及杂羽等不合格的家系，F 系选择纯白羽的健康个体。

第二次：5～7 周龄。主要是公鸡冠选择和第一次体重选择。公鸡冠选择，M 系和 N 系在 30～35 日龄进行，F 系公鸡在 35～42 日龄选择。各品系公母鸡均在 7 周末进行全群个体称重，然后根据个体及家系成绩进行选留。此阶段各品系选种内容还包括健康状况、羽色、胫色、冠色、冠型等的选择。

第三次：10～15 周龄。各品系公母鸡均在 10 周末进行第二次全群个体称重，然后根据个体及家系成绩进行选留。各品系母鸡进行鸡冠选择，M 系和 N 系母鸡 14 周龄选择，F 系母鸡 15 周龄选择，这也是母鸡的鸡冠等性成熟特征表现较为明显的时间。此阶段各品系选种内容还包括发育状况、羽色、胫色、冠色、冠型、体型等的选择。选留羽色光泽、冠大直立等符合要求，发育状况良好的公母鸡。

第四次：在 20～27 周龄时进行。选择白痢检测非阳性、精液品质好的公鸡个体。并用 F 系与 M 系、N 系进行测交，淘汰含有隐性白羽基因的个体。

2. 选择压

M 系、N 系公鸡留种率 3%～8%，母鸡留种率 15%～30%；F 系公鸡留种率 10%～15%，母鸡留种率 20%～30%。

3. 组建新家系，繁育下一代

分析公鸡及其同胞姐妹的生长性能和其他性状，选择性能好的公鸡；种鸡开产后进行个体产蛋记录，观察其产蛋量、蛋重。产蛋性能统计结束后，按家系和个体成绩综合分析选留产蛋性能好的母鸡。对选留下来的公、母鸡在避开近亲交配的基础上，组成新家系。M 系和 N 系组建 60～80 个家系，公母比例为 1∶8～12；F 系组建 80～100 个家系，公母比例为 1∶12～15。

(四)选育流程

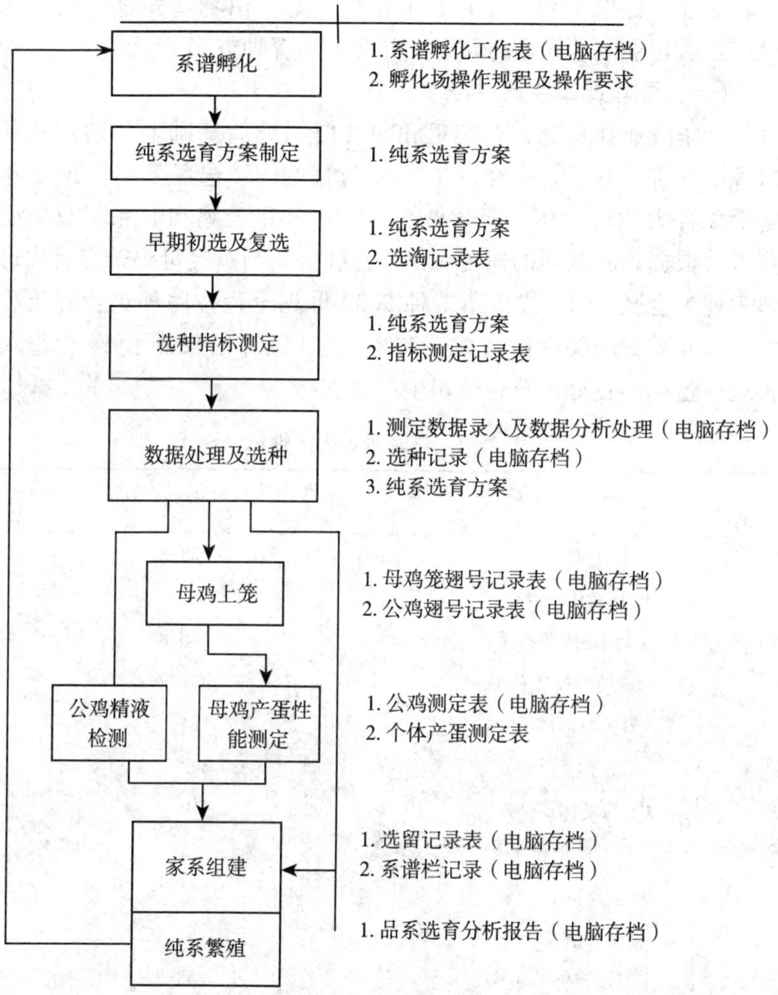

图 2-1 雪山鸡选育工作程序文件及记录

三、配合力测定与配套系建立

根据江苏立华牧业股份有限公司(以下简称立华牧业)的市场

定位确定育种目标后，为使育种和生产推广同时进行，经过充分的专家论证，提出了利用藏鸡、茶花鸡和隐性白羽鸡先进行品系选育，然后建立由这三个品系组成配套系的育种方案。

（一）配套母本生产性能

立华牧业在藏鸡、茶花鸡和隐性白羽鸡的基础上分别建立了M系、N系、F系，在经过3～5个世代的闭锁选育后，于2001年着手配合力测定工作。配套母本NF由N系公鸡和F系母鸡杂交获得（根据青胫基因的遗传规律，青胫公鸡与黄胫母鸡杂交后代母鸡表现为青胫），F_1代出苗留种2000母鸡全程按照种鸡管理流程饲养，并采集相关性能数据（表2-1）。饲养结果显示F_1代母鸡种鸡产蛋性能良好，符合公司生产要求。

表2-1 配套母本生产性能

测定项目	结果
初生重（克）	32.2
10周龄体重（克）	815
0～23周龄成活率（%）	96.8
24～66周龄成活率（%）	96.2
开产日龄（天）	154
开产体重（克）	1 868
300日龄体重（克）	2 610
66周龄产蛋数（枚）	163
种蛋合格率（%）	96.10
种蛋受精率（%）	93.45
入孵蛋孵化率（%）	88.95

（二）杂交F_2代生产性能

2002年安排配合力测定试验，即MNF M♂×（N♂×F♀）♀ F_2代的饲养，对其进行生长性能、外貌特征等观察。观察结果显示，商品鸡冠发育理想、外貌特征符合公司定位，生长速度接近培育目标。因此，雪山鸡配套方式确定为M♂×（N♂×F♀）♀。配合力测定相关性能数据见表2-2、表2-3。

表2-2　配套系商品代公鸡生产性能

周龄	样本量	体重（克）	增重（克）	料肉比	成活率（%）
1	250	70	35	0.93	99.6
2	250	132	62	1.41	99.4
3	240	220	88	1.61	99.1
4	220	325	105	1.72	98.9
5	220	460	135	1.80	98.6
6	200	600	140	1.91	98.4
7	200	750	150	2.02	98.2
8	200	920	170	2.20	98.1
9	200	1 100	180	2.38	98.0
10	200	1 250	150	2.51	97.8
11	200	1 390	140	2.60	97.7
12	200	1 520	130	2.69	97.6
13	200	1 640	120	2.90	97.5

表2-3　配套系商品代母鸡生产性能

周龄	样本量	体重（克）	增重（克）	料肉比	成活率（%）
1	250	68	33	1.10	99.6
2	250	126	58	1.27	99.4
3	240	202	76	1.44	99.1
4	220	296	94	1.61	98.9

（续）

周龄	样本量	体重（克）	增重（克）	料肉比	成活率（%）
5	220	407	111	1.74	98.6
6	200	515	108	1.90	98.4
7	200	640	125	2.07	98.2
8	200	766	126	2.23	98.1
9	200	896	130	2.37	98.0
10	200	1 040	144	2.47	97.8
11	200	1 172	132	2.61	97.7
12	200	1 286	114	2.78	97.6
13	200	1 405	119	2.93	97.5
14	200	1 482	77	3.16	97.3
15	200	1 570	88	3.35	97.2
16	200	1 650	80	3.56	97.0

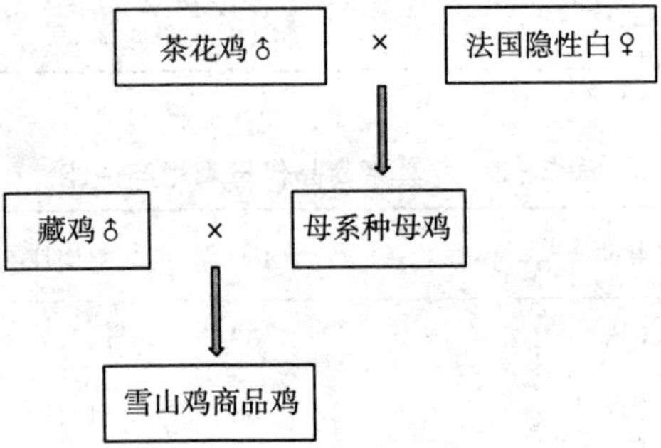

图 2-2　雪山鸡配套系生产模式

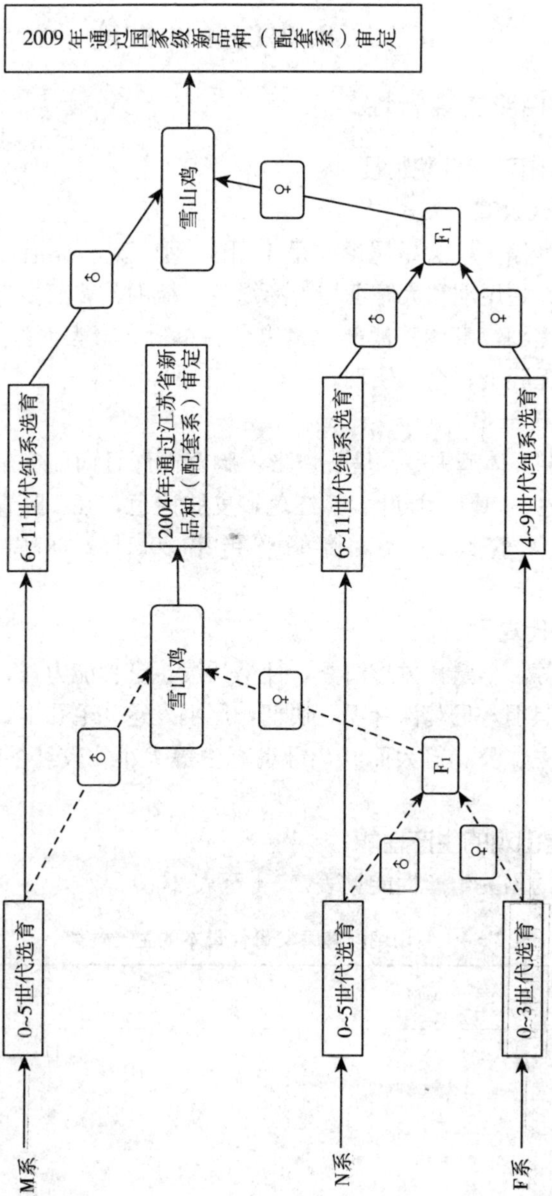
M系
N系
F系
0~5世代选育
0~5世代选育
0~3世代选育
♂
♀
♂
♀
F1
F1
雪山鸡
2004年通过江苏省新品种（配套系）审定
6~11世代纯系选育
6~11世代纯系选育
4~9世代纯系选育
♂
♀
♂
♀
雪山鸡
2009年通过国家级新品种（配套系）审定

图2-3　雪山鸡培育过程

第二节　雪山鸡的生产性能

一、雪山鸡主要特性

（一）雪山鸡的外貌特征

1. 父母代公鸡

体型中等偏小，头昂尾翘，呈U形。羽毛颜色鲜艳，其主翼羽、副翼羽、主尾羽和大镰羽均为墨绿色，梳羽、蓑羽多为红色或金黄色镶边黑羽，身体其他部位呈黑色。单冠、冠大而红、直立，胫呈青色、无胫羽，全部快羽。

2. 父母代母鸡

性情温驯，体型中等，呈长方形，胸宽而深且向前突出，深麻羽，单冠，冠、肉髯、耳叶、脸红色，皮肤肉色，胫、趾青色，无胫羽。开产体重1 870克，高峰产蛋率80.1%，66周产蛋量170.6个。

3. 商品代鸡

体型中等，早熟，体形清秀，性情活泼，觅食能力强，抗逆性强。公鸡红黑羽，母鸡深麻羽，快羽，尾羽发达。毛孔细，皮肤肉色，单冠直立，公鸡冠大而红，母鸡冠中等大小、较红。喙、胫、趾青色。

（二）雪山鸡的生产性能

雪山鸡的相关生产性能见表2-4至表2-9。

表2-4　雪山鸡配套系父母代母本的生产性能

项目	指标
1～20周龄耗料量（kg）	8.17～8.32
开产日龄（d）	154
开产体重（g）	1 870.3
产蛋高峰周龄（周）	29

（续）

项目	指标
高峰产蛋率（%）	80.1
66 周龄产蛋数（HH）（个）	164.2
66 周龄产种蛋数（HH）（个）	154.4
66 周龄产蛋数（HD）（个）	170.6
66 周龄产种蛋数（HD）（个）	160.4
受精率（%）	94.8
入孵蛋孵化率（%）	89.2
成活率（1～24 周龄）（%）	96.8
成活率（25～66 周龄）（%）	96.2
66 周龄母鸡体重（g）	2725.9

表 2-5　雪山鸡配套系父母代生长期体重及耗料量

父本				母本			
周龄	样本量	体重（克）	耗料量 克/（日·只）	周龄	样本量	体重（克）	耗料量 克/（日·只）
1	300	62.2±6.5	7	1	300	68.3±6.4	10
2	280	105.3±10.3	12	2	280	124.3±12.2	17
3	250	152.3±14.9	19	3	250	198.5±20.2	23
4	220	224.2±20.1	25	4	220	273.1±25.5	33
5	200	311.4±30.4	31	5	200	355.7±34.5	43
6	180	415.7±42.0	37	6	180	463.5±45.5	51
7	180	524.0±53.0	42	7	180	582.7±60.3	58
8	160	615.5±62.1	48	8	160	685.5±66.5	60
9	150	768.1±74.0	51	9	150	835.7±83.2	62
10	150	840.5±80.4	54	10	150	915.3±90.3	64
11	150	895.5±90.4	56	11	150	975.6±98.0	66

（续）

父本				母本			
周龄	样本量	体重（克）	耗料量克/（日·只）	周龄	样本量	体重（克）	耗料量克/（日·只）
12	150	945.6±95.0	58	12	150	1 085.0±100.3	68
13	150	1 002.7±100.3	60	13	150	1 195.3±120.3	70
14	150	1 065.4±102.3	62	14	150	1 285.0±125.5	72
15	150	1 125.3±110.2	64	15	150	1 375.3±135.4	74
16	100	1 203.4±120.3	66	16	100	1 440.5±143.2	76
17	100	1 274.1±122.4	68	17	100	1 520.4±155.3	78
18	100	1 323.9±133.2	71	18	100	1 600.6±159.0	81
19	100	1 390.0±139.4	74	19	100	1 680.4±169.0	83
20	100	1 451.5±144.2	77	20	100	1 760.3±170.4	86
21	100	1 503.6±142.9	80	21	100	1 801.5±173.9	90

表 2-6　雪山鸡配套系父母代母本产蛋率、体重及耗料量（%、克）

周龄	产蛋率	样本量	体重	耗料	周龄	产蛋率	样本量	体重	耗料
22	5.2	150	1 870.3±181.4	96	45	59.7	100	2 645.2±263.8	112
23	11.6	150	1 989.2±192.7	102	46	58.6	100	2 650.1±263.4	112
24	23.8	150	2 091.3±205.4	108	47	57.4	100	2 654.6±263.6	111
25	45.5	150	2 172.4±214.8	113	48	56.2	100	2 659.2±263.8	111
26	56.9	100	2 242.5±221.9	115	49	55.1	100	2 664.1±264.1	110
27	65.6	100	2 303.2±227.4	117	50	53.8	100	2 669.3±262.7	110
28	73.5	100	2 363.8±233.5	119	51	52.6	100	2 674.2±262.6	109
29	80.1	100	2 424.9±239.8	120	52	51.4	100	2 678.8±263.4	109
30	78.1	100	2 471.7±244.8	122	53	50.3	100	2 683.5±263.9	108
31	77.0	100	2 500±247.2	121	54	49.3	100	2 688.1±264.4	108
32	76.0	100	2 533.8±249.1	121	55	48.1	100	2 692.9±264.9	107

（续）

周龄	产蛋率	样本量	体重	耗料	周龄	产蛋率	样本量	体重	耗料
33	74.7	100	2 559.5±251.4	119	56	46.9	100	2 697.8±265.2	107
34	73.2	100	2 576.7±253.8	118	57	44.7	100	2 702.7±266.3	106
35	72.0	100	2 591.2±256.4	117	58	43.4	100	2 707.5±266.7	106
36	70.7	100	2 602.6±254.8	117	59	42.9	100	2 712.1±267.1	105
37	69.3	100	2 608.2±257.5	116	60	41.6	100	2 716.6±267.5	105
38	68.1	100	2 612.9±260.4	116	61	40.3	100	2 720.3±268.3	104
39	67.0	100	2 617.1±260.6	115	62	39.1	100	2 723.6±269.8	104
40	65.5	100	2 621.6±260.7	115	63	37.5	100	2 725.1±270.7	103
41	64.2	100	2 626.1±261.4	114	64	36.2	100	2 725.5±270.9	103
42	63.0	100	2 630.5±262.4	114	65	34.8	100	2 725.7±270.3	102
43	61.9	100	2 635.1±262.7	113	66	33.4	100	2 725.9±270.5	102
44	60.9	100	2 640±263.5	113					

表 2－7　雪山鸡配套系商品代公鸡体重、饲料转化率及成活率

周龄	样本量	体重（克）	增重（克）	料肉比	成活率（%）
1	250	70	35	0.93	99.6
2	250	132	62	1.41	99.4
3	240	220	88	1.61	99.1
4	220	325	105	1.72	98.9
5	220	460	135	1.80	98.6
6	200	600	140	1.91	98.4
7	200	750	150	2.02	98.2

（续）

周龄	样本量	体重（克）	增重（克）	料肉比	成活率（%）
8	200	920	170	2.20	98.1
9	200	1 100	180	2.38	98.0
10	200	1 250	150	2.51	97.8
11	200	1 390	140	2.60	97.7
12	200	1 520	130	2.69	97.6
13	200	1 640	120	2.90	97.5

表 2-8 雪山鸡配套系商品代母鸡体重、饲料转化率及成活率

周龄	样本量	体重（克）	增重（克）	料肉比	成活率（%）
1	250	68	33	1.10	99.6
2	250	126	58	1.27	99.4
3	240	202	76	1.44	99.1
4	220	296	94	1.61	98.9
5	220	407	111	1.74	98.6
6	200	515	108	1.90	98.4
7	200	640	125	2.07	98.2
8	200	766	126	2.23	98.1
9	200	896	130	2.37	98.0
10	200	1 040	144	2.47	97.8
11	200	1 172	132	2.61	97.7
12	200	1 286	114	2.78	97.6
13	200	1 405	119	2.93	97.5
14	200	1 482	77	3.16	97.3
15	200	1 570	88	3.35	97.2
16	200	1 650	80	3.56	97.0

表 2-9　雪山鸡配套系商品代屠宰性能（平均值±标准差）

性别	日龄	样本量	参数	屠宰率（%）	半净膛率（%）	全净膛率（%）	腿肌率（%）	胸肌率（%）	腹脂率（%）
♂	91	30	$\bar{x}\pm S$	90.70±2.95	83.34±2.93	68.15±3.23	28.25±2.29	18.78±1.25	1.80±0.20
			CV（%）	3.25	3.52	4.74	8.11	6.66	11.11
♀	91	30	$\bar{x}\pm S$	90.40±2.88	82.32±3.10	67.24±2.95	26.30±1.99	17.10±1.35	2.70±0.32
			CV（%）	3.19	3.77	4.39	7.57	7.89	11.85

表 2-10　雪山鸡配套系商品代肉质性能（平均值±标准差）

性别	日龄	样本量	参数	pH	肉色	剪切力（千克）	系水力（%）	失水率（%）	肌纤维密度（根/毫米^2）	肌纤维直径（微米）	肌苷酸含量（%）
♂	91	30	$\bar{x}\pm S$	5.688±0.34	0.43±0.05	1.85±0.22	28.25±2.39	28.78±2.25	498±54.0	28.7±3.45	2.75±0.33
			CV（%）	5.98	11.63	11.89	8.46	7.82	10.84	12.02	12.00
♀	91	30	$\bar{x}\pm S$	5.662±0.54	0.42±0.06	1.70±0.18	29.30±2.99	27.80±2.35	485±50.0	26.40±3.18	2.84±0.28
			CV（%）	9.54	14.29	10.59	10.20	8.45	10.31	12.05	9.86

二、雪山鸡与其他品种的区别

雪山鸡配套系与其他类群青脚麻鸡的区别如下：

（一）生长速度

雪山鸡配套系 84 日龄时公鸡体重 1 520 克，母鸡 1 286 克；91 日龄时公鸡重 1 640 克，母鸡 1 405 克；112 日龄时，母鸡重 1 650 克。崇仁麻鸡 90 日龄时公鸡重 808 克，母鸡重 698 克。淮南麻鸡 120 日龄时，公鸡重 937 克，母鸡 828 克。卢氏鸡 120 日龄时公鸡重 994 克，母鸡重 825 克。这三个地方品种都比雪山鸡配套系生长速度慢许多。比雪山鸡配套系生长速度略慢一点的品种为贡鸡优质型商品鸡，其 84 日龄公鸡重 1 400 克，母鸡 1 200 克。培育的青脚麻配套系比雪山鸡配套系快一些的有：苏禽黄鸡（Ⅲ型）56 日龄公母均重 1 332 克；闽中麻鸡商品鸡 70 日龄公鸡平均体重 1 650 克，母鸡 1 350 克；闽燕麻鸡商品鸡 70 日龄公鸡重 2 000 克，母鸡 1 500 克。

（二）外貌

雪山鸡配套系商品代的公鸡羽色为红黑色。母鸡颈部羽毛呈黄色，其余部分呈深麻色。鸡冠大、红且直立，肉垂大而红。公、母鸡的虹彩均为橘红色，胫均为青色，胫细且高度适中，体形清秀。雪山鸡配套系的公鸡比崇仁麻鸡的公鸡羽色要偏红一些；淮南麻黄鸡的鸡冠和肉垂比雪山鸡的小，且母鸡的羽色呈麻黄色；尤溪麻鸡的虹彩为浅栗色，且其母鸡的羽色为黄麻色；卢氏鸡的羽色呈黄麻色；苏禽黄鸡（Ⅲ型）的公鸡羽色偏红；闽中麻鸡与闽燕麻鸡的公鸡羽色偏深红；贡鸡的公鸡羽色偏黑。

三、雪山鸡的产业化

雪山鸡配套系建立初始，满足了华东地区部分消费市场的需要，后续随着公司发展规模扩大，逐渐延伸到华南、华中和川渝地区，产生了显著的经济效益和社会效益。

雪山鸡配套系从 2009 年通过国家级新品种（配套系）审定后，

截至2018年底累计发放父母代种鸡400万套，生产鸡苗4亿羽，其中在公司基地和合作农户饲养场饲养并上市的鸡超过3.6亿羽，市场销售额近10亿元，为公司和农户带来巨额利润。

雪山鸡配套系分别在华东、华南、华中和川渝等地区10个省市进行规模化饲养，各地市场反应良好，销售价格居高不下，母鸡全年平均零售价达16元/千克，是快速型三黄鸡的近2倍，销售量也逐年上升，销售区域也由东向西、由南向北发展到近20个省市，在全国各地反映良好。

雪山鸡配套系适应性强，耐粗饲，成熟早，肉质细嫩鲜美，不仅适合广大农村舍饲，而且也适合利用林间、果园、桑园等自然资源进行生态养殖。雪山鸡体形清秀，胫细长，冠大、红且直立，肉质鲜嫩。国内大多数地方喜欢的草鸡类型为体形清秀，肉质鲜嫩，肉味浓，鸡冠大、红且直立，所以雪山鸡配套系在各地市场深受消费者的欢迎。

第三章

雪山鸡营养需要量及饲料配制技术

饲料一直以来都是发展畜牧业的重要物质基础。一方面它要满足动物生长需要的各种营养，另一方面要尽量降低饲料成本。对养鸡生产者来说，单用某种原料不能满足动物的营养需要。只有通过各种饲料原料的科学搭配，才能得到营养物质数量充足、营养平衡、适口性好、经济效益高的配合饲料。设计家禽配合饲料的配方时，必须了解家禽的营养原理，查找相关家禽的营养需要标准；考虑各饲料原料的特点，确定各种饲料的营养价值；同时还要考虑饲料资源的状况、渠道、价格及其稳定生产的可能性。家禽饲料配方设计的目的，是合理地选用价值原料，科学地生产出优质的配合饲料，以便进行养殖生产，获取最大的经济效益。

第一节　雪山鸡营养需要量

一、日粮的成分

国内饲料原料种类繁多，每种原料特性不同，给养殖业原料的选用造成诸多困扰。本部分主要为畜禽生产提供常见原料营养成分参考依据，优化配方设计。表格中数据是根据权威化验室的分析测定和饲养试验以及参考 EVONIK Industries AminoDat 5.0（2016）等所得，它囊括了不同地区的家禽养殖过程中常用的饲料成分和营养价值。但饲料原料的营养组成受品种、生产区域和加工工艺等影响，部分原料的营养组成可能存在些许差异。因此，读者需知悉表格中的数据只能作为参考，在配方设计之前要根据实际情况进行折算，不建议直接使用。

在过去若干年里，许多原料的营养组成因品种更新等情况发生明显变化，而下列表格中的数据主要为近年测定结果，具有参考意义，并且编者会根据市场情况不定时更新补充。通过下列数据库的建立，研究人员也可以对比不同饲料原料的性价比，实现节本增效目的。数据详情见表3-1至表3-6。

二、雪山鸡营养需要

“营养需要”定义是动物在每一天的生命、生产活动过程中对各营养物质种类和数量的需要。饲料的营养物质主要有：水分、蛋白质、碳水化合物、脂肪、矿物质和维生素。这些营养物质对机体维持生命活力、生长发育和生产性能表现有着各自不同作用。

（一）能量营养

家禽采食的日粮能量可用于3个方面：①动物维持代谢所需的能量，称为维持能量需要；②动物产肉所需的能量；③动物活动所需的能量。鸡所需的能量主要来自于饲料中的碳水化合物和脂肪，蛋白质也可供能，但蛋白质作为能量物质很不经济，有时甚至有害。碳水化合物分为两大部分：一是可以消化的淀粉和糖类，也称无氮浸出物；二是粗纤维，鸡对消化纤维的能力不强，仅有盲肠中微生物可以利用少量的纤维素，必须控制日粮中粗纤维的含量。脂肪可供给大量的能量，其产热量是等量碳水化合物的2.25倍，净能高。同时，脂肪是机体组织器官的重要成分。而且，脂肪又是脂溶性维生素的溶剂，它能促进脂溶性维生素A、维生素D、维生素E、维生素K及胡萝卜素的吸收和利用，还可以补充必需脂肪酸，是非常好的能量来源，通常在鸡饲料中会添加2%左右油脂，有时为了控制料比，日粮中会添加更高含量脂肪。

表 3-1 饲料常规成分

序号	饲料名称 Feed Name	干物质 DM (%)	粗蛋白 CP (%)	粗脂肪 EE (%)	粗纤维 CF (%)	无氮浸出物 NFF (%)	粗灰分 ASH (%)	中性洗涤纤维 NDF (%)	酸性洗涤纤维 ADF (%)	淀粉 Starch (%)	钙 Ca (%)	总磷 P (%)
1	玉米	86.00	8.00	3.60	2.30	71.80	1.20	9.90	3.10	63.50	0.02	0.27
2	高粱	88.00	8.70	3.40	1.40	70.70	1.80	17.40	8.00	68.00	0.13	0.36
3	小麦	88.00	13.40	1.70	1.90	69.10	1.90	13.30	3.90	54.60	0.17	0.41
4	大麦	87.00	11.00	1.70	4.80	67.10	2.40	18.40	6.80	52.20	0.09	0.33
5	稻谷	86.00	7.80	1.60	8.20	63.80	4.60	27.40	13.70	63.00	0.03	0.36
6	次粉	87.00	13.60	2.10	2.80	66.70	1.80	31.90	10.50	36.70	0.08	0.48
7	小麦麸	87.00	14.30	4.00	6.80	57.10	4.80	41.30	11.90	19.80	0.10	0.93
8	米糠粕	87.00	15.10	2.00	7.50	53.60	8.80	23.30	10.90	25.00	0.15	1.82
9	大豆	87.00	35.50	17.30	4.30	25.70	4.20	7.90	7.30	2.60	0.27	0.48
10	大豆粕	89.00	44.20	1.90	5.90	28.30	6.10	13.60	9.60	3.50	0.33	0.62
11	棉籽粕	90.00	43.50	0.50	10.50	28.90	6.60	28.40	19.40	1.80	0.28	1.04
12	菜籽粕	88.00	38.60	1.40	11.80	28.90	7.30	20.70	16.80	6.10	0.65	1.02

（续）

序号	饲料名称 Feed Name	干物质 DM（%）	粗蛋白 CP（%）	粗脂肪 EE（%）	粗纤维 CF（%）	无氮浸出物 NFF（%）	粗灰分 ASH（%）	中性洗涤纤维 NDF（%）	酸性洗涤纤维 ADF（%）	淀粉 Starch（%）	钙 Ca（%）	总磷 P（%）
13	花生仁饼	88.00	44.70	7.20	5.90	25.10	5.10	14.00	8.70	6.60	0.25	0.53
14	亚麻仁饼	88.00	32.20	7.80	7.80	34.00	6.20	29.70	27.10	11.40	0.39	0.88
15	亚麻仁粕	88.00	34.80	1.80	8.20	36.60	6.60	21.60	14.40	13.00	0.42	0.95
16	玉米蛋白粉	90.10	63.50	5.40	1.00	19.20	1.00	8.70	4.60	17.20	0.07	0.44
17	玉米胚芽粕	90.0	20.80	2.00	6.50	54.80	5.90	38.20	10.70	14.20	0.06	0.50
18	DDGS	89.2	27.50	10.10	6.60	39.90	5.10	38.30	12.50	4.20	0.06	0.71
19	鱼粉	92.4	67.00	8.40	0.20	0.40	16.40				4.56	2.88
20	肉骨粉	93.0	50.00	8.50	2.80		31.70				9.20	4.70

注：①空白表示含量无或者含量极少，下同；②“*”代表典型值。数据来源：熊本海，等．中国饲料成分及营养价值表（2018年第29版）。下同。

表 3-2 饲料中有效能值

序号	饲料名称 Feed Name	干物质 DM（%）	粗蛋白质 CP（%）	鸡代谢能 Mcal/kg	鸡代谢能 MJ/kg
1	玉米	86.00	8.00	3.22	13.47
2	高粱	86.00	9.00	2.94	12.30
3	小麦	88.00	13.40	3.04	12.72
4	大麦	87.00	11.00	2.70	11.30
5	稻谷	86.00	7.80	2.63	11.00
6	次粉	87.00	13.60	2.99	12.51
7	小麦麸	87.00	14.30	1.35	5.65
8	米糠粕	87.00	15.10	1.98	8.28
9	大豆	87.00	35.50	3.24	13.56
10	大豆粕	89.00	44.20	2.39	10.00
11	棉籽粕	90.00	43.50	2.03	8.49
12	菜籽粕	88.00	38.60	1.77	7.41
13	花生仁饼	88.00	44.70	2.78	11.63
14	亚麻仁饼	88.00	32.20	2.34	9.79
15	亚麻仁粕	88.00	34.80	1.90	7.95
16	玉米蛋白粉	90.10	63.50	3.88	16.23
17	玉米胚芽粕	90.00	20.80	2.07	8.66
18	DDGS	89.20	27.50	2.20	9.20
19	鱼粉	92.40	67.00	3.10	12.97
20	啤酒酵母	91.70	52.40	2.52	10.54

表 3-3　饲料中氨基酸含量

序号	饲料名称 Feed Name	干物质 DM (%)	粗蛋白质 CP (%)	精氨酸 Arg (%)	异亮氨酸 Ile (%)	亮氨酸 Leu (%)	赖氨酸 Lys (%)	蛋氨酸 Met (%)	苯丙氨酸 Phe (%)	酪氨酸 Tyr (%)	苏氨酸 Thr (%)	缬氨酸 Val (%)
1	玉米	86.00	8.00	0.37	0.27	0.96	0.24	0.17	0.37	0.31	0.29	0.35
2	高粱	88.00	8.70	0.33	0.34	1.08	0.21	0.15	0.41		0.28	0.42
3	小麦	88.00	13.40	0.62	0.46	0.89	0.35	0.21	0.61	0.37	0.38	0.56
4	大麦	87.00	11.00	0.65	0.52	0.91	0.42	0.18	0.59	0.35	0.41	0.64
5	稻谷	86.00	7.80	0.57	0.32	0.58	0.29	0.19	0.40	0.37	0.25	0.47
6	次粉	87.00	13.60	0.85	0.48	0.98	0.52	0.16	0.63	0.45	0.50	0.68
7	小麦麸	87.00	14.30	0.88	0.46	0.88	0.56	0.22	0.57	0.34	0.45	0.65
8	米糠粕	87.00	15.10	1.28	0.78	1.30	0.72	0.28	0.82	0.55	0.57	1.07
9	大豆	87.00	35.50	2.57	1.28	2.72	2.20	0.56	1.42	0.64	1.41	1.50
10	大豆粕	89.00	44.20	3.38	1.99	3.35	2.68	0.59	2.21	1.47	1.71	2.09
11	棉籽粕	90.00	43.50	4.65	1.29	2.47	1.97	0.58	2.28	1.05	1.25	1.91
12	菜籽粕	88.00	38.60	1.83	1.29	2.34	1.30	0.63	1.45	0.97	1.49	1.74
13	花生仁饼	88.00	44.70	4.60	1.18	2.36	1.32	0.39	1.81	1.31	1.05	1.28

（续）

序号	饲料名称 Feed Name	干物质 DM (%)	粗蛋白质 CP (%)	精氨酸 Arg (%)	异亮氨酸 Ile (%)	亮氨酸 Leu (%)	赖氨酸 Lys (%)	蛋氨酸 Met (%)	苯丙氨酸 Phe (%)	酪氨酸 Tyr (%)	苏氨酸 Thr (%)	缬氨酸 Val (%)
14	亚麻仁饼	88.00	32.20	2.35	1.15	1.62	0.73	0.46	1.32	0.50	1.00	1.44
15	亚麻仁粕	88.00	34.80	3.59	1.33	1.85	1.16	0.55	1.51	0.93	1.10	1.51
16	玉米蛋白粉	90.10	63.50	2.01	2.92	10.50	1.10	1.60	3.94	3.19	2.11	2.94
17	玉米胚芽粕	90.00	20.80	1.51	0.77	1.54	0.75	0.21	0.93	0.66	0.68	1.66
18	DDGS	89.20	27.50	1.12	0.97	3.13	0.71	0.57	1.28	1.09	0.99	1.32
19	鱼粉	92.40	67.00	3.93	2.61	4.94	4.97	1.86	2.61	1.97	2.74	3.11
20	啤酒糟	88.00	24.30	0.98	1.18	1.08	0.72	0.52	2.35	1.17	0.81	1.66

表 3-4　饲料中矿物质含量

序号	饲料名称 Feed Name	钠 Na (%)	氯 Cl (%)	镁 M (%)	钾 K (%)	铁 Fe (mg/kg)	铜 Cu (mg/kg)	锰 Mn (mg/kg)	锌 Zn (mg/kg)	硒 Se (mg/kg)
1	玉米	0.01	0.04	0.11	0.29	36.00	3.40	5.80	21.10	0.04
2	高粱	0.03	0.09	0.15	0.34	87.00	7.60	17.10	20.10	0.05
3	小麦	0.06	0.07	0.11	0.50	88.00	7.90	45.90	29.70	0.05
4	大麦	0.02	0.15	0.14	0.56	87.00	5.60	17.50	23.60	0.06
5	稻谷	0.04	0.07	0.07	0.34	40.00	3.50	20.00	8.00	0.04
6	碎米	0.07	0.08	0.11	0.13	62.00	8.80	47.50	36.40	0.06
7	次粉	0.60	0.04	0.41	0.60	140.00	11.60	94.20	73.00	0.07
8	小麦麸	0.07	0.07	0.47	1.19	157.00	16.50	80.60	104.70	0.05
9	米糠粕	0.09	0.10		1.80	432.00	9.40	228.40	60.90	0.10
10	大豆	0.02	0.03	0.28	1.70	111.00	18.10	21.50	40.70	0.06
11	大豆粕	0.03	0.05	0.28	1.72	185.00	24.00	28.00	46.40	0.06
12	棉籽粕	0.04	0.04	0.40	1.16	263.00	14.00	18.70	55.50	0.15
13	菜籽粕	0.09	0.11	0.51	1.40	653.00	7.10	82.20	67.50	0.16

（续）

序号	饲料名称 Feed Name	钠 Na（%）	氯 Cl（%）	镁 M（%）	钾 K（%）	铁 Fe（mg/kg）	铜 Cu（mg/kg）	锰 Mn（mg/kg）	锌 Zn（mg/kg）	硒 Se（mg/kg）
14	花生仁饼	0.04	0.03	0.33	1.14	347.00	23.70	36.70	52.50	0.06
15	亚麻仁饼	0.09	0.04	0.58	1.25	204.00	27.00	40.30	36.00	0.18
16	玉米蛋白粉	0.01	0.05	0.08	0.30	230.00	1.90	5.90	19.20	0.02
17	玉米胚芽粕	0.01		0.16	0.69	214.00	7.70	23.30	126.60	0.33
18	DDGS	0.24	0.17	0.91	0.28	98.00	5.40	15.20	52.30	
19	鱼粉									2.70
20	啤酒糟	0.25	0.12	0.19	0.08	274.00	20.10	35.60	104.00	0.41

表 3-5　饲料中维生素含量

序号	饲料名称	胡萝卜素	维生素 E	维生素 B_1	维生素 B_2	泛酸	烟酸	生物素	叶酸	胆碱	维生素 B_6	维生素 B_{12}	亚油酸
	Feed Name	(mg/kg)										(μg/kg)	(%)
1	玉米	2.00	22.00	3.50	1.10	5.00	24.00	0.06	0.15	620.00	10.00		2.20
2	高粱		7.00	3.00	1.30	12.40	41.00	0.26	0.20	668.00	5.20		1.13
3	小麦	0.40	13.00	4.60	1.30	11.90	51.00	0.11	0.36	1040.00	3.70		0.59
4	大麦	4.10	20.00	4.50	1.80	8.00	55.00	0.15	0.07	990.00	4.00		0.83
5	稻谷		16.00	3.10	1.20	3.70	34.00	0.08	0.45	900.00	28.00		0.28
6	碎米		14.00	1.40	0.70	8.00	30.00	0.08	0.20	800.00	28.00		
7	次粉	3.00	20.00	16.50	1.80	15.60	72.00	0.33	0.76	1187.00	9.00		1.74
8	小麦麸	1.00	14.00	8.00	4.60	31.00	186.00	0.36	0.63	980.00	7.00		1.70
9	大豆		40.00	12.30	2.90	17.40	24.00	0.42	2.00	3 200.00	12.00	0.00	8.00
10	大豆粕	0.20	3.10	4.60	3.00	16.40	30.70	0.33	0.81	2 858.00	6.10	0.00	0.51
11	棉籽粕	0.20	15.00	7.00	5.50	12.00	40.00	0.30	2.51	2 933.00	5.10	0.00	1.51
12	菜籽粕		54.00	5.20	3.70	9.50	160.00	0.98	0.95	6 700.00	7.20	0.00	0.42
13	花生仁饼		3.00	7.10	5.20	47.00	166.00	0.33	0.40	1 655.00	10.00	0.00	1.43

（续）

序号	饲料名称 Feed Name	胡萝卜素	维生素 E	维生素 B_1	维生素 B_2	泛酸	烟酸	生物素	叶酸	胆碱	维生素 B_6	维生素 B_{12}	亚油酸
		(mg/kg)										(μg/kg)	(%)
14	亚麻仁饼		7.70	2.60	4.10	16.50	37.40	0.36	2.90	1 672.00	6.10		1.07
15	玉米蛋白粉	44.00	25.50	0.30	2.20	3.00	55.00	0.15	0.20	330.00	6.90	50.00	1.17
16	玉米胚芽粕	2.00	80.80	1.10	4.00	4.40	37.70	0.22	0.20	2 000.00			1.47
17	DDGS	3.50	40.00	3.50	8.60	11.00	75.00	0.30	0.88	2 637.00	2.28	10.00	2.15
18	鱼粉		5.00	2.80	5.80	9.30	82.00	1.30	0.90	5600.00	2.30	210.00	0.20
19	啤酒糟	0.20	27.00	0.60	1.50	8.60	43.00	0.24	0.24	1 723.00	0.70		2.94

表 3－6　鸡饲料标准回肠氨基酸消化率

序号	饲料名称 Feed Name	精氨酸 Arg (%)	组氨酸 His (%)	异亮氨酸 Ile (%)	亮氨酸 Leu (%)	赖氨酸 Lys (%)	蛋氨酸 Met (%)	胱氨酸 Cys (%)	苯丙氨酸 Phe (%)	苏氨酸 Thr (%)	色氨酸 Trp (%)	缬氨酸 Val (%)
1	玉米	89	97	98	93	91	95	89	93	89	83	95
2	高粱	88	84	90	88	90	89	79	89	83	87	87
3	小麦	86	90	94	91	86	91	91	91	88	86	91
4	大麦	80	81	85	83	84	92	88	81	75	69	82
5	稻米	91	90	85	86	80	92	88	81	75	69	82
6	谷子	78	86	88	93	78	88	80	90	80	85	86
7	次粉	81	82	84	82	82	85	78	81	77	79	80
8	小麦麸	82	81	79	80	73	80	74	84	74	82	77
9	米糠	86	84	75	75	77	78	73	74	72	76	76
10	全脂大豆	86	87	85	84	86	87	69	84	83	83	85
11	大豆粕	92	90	87	88	89	90	79	89	83	89	90
12	棉籽粕	88	81	71	73	65	72	74	81	68	80	74
13	菜籽粕	87	85	79	82	80	84	77	83	73	81	79

（续）

序号	饲料名称 Feed Name	精氨酸 Arg (%)	组氨酸 His (%)	异亮氨酸 Ile (%)	亮氨酸 Leu (%)	赖氨酸 Lys (%)	蛋氨酸 Met (%)	胱氨酸 Cys (%)	苯丙氨酸 Phe (%)	苏氨酸 Thr (%)	色氨酸 Trp (%)	缬氨酸 Val (%)
14	花生仁粕	91	87	89	90	76	86	79	99	85	87	89
15	玉米蛋白粉	89	88	89	93	80	91	82	91	83	66	87
16	玉米胚芽粕	91	85	87	88	81	84	64	88	79	85	87
17	鱼粉	85	82	86	86	87	87	63	84	82	78	84
18	羽毛粉	70	59	74	69	57	65	48	72	56	45	70
19	肉骨粉	76	70	69	70	68	71	28	70	62	55	69

注：* 数据参考 EVONIK Industries AminoDat 5.0（2016）。

鸡有为能而采食的特点，即一般情况下，鸡以最大限度满足其能量需要作为决定采食的前提，即日粮浓度决定采食量，日采食量高时，主要营养素浓度可低些如冬季或生长后期，但必须保持营养的全价性；同时日采食量低时，主要营养素浓度应高些如高温季节或雏鸡阶段。了解鸡在其每个生长、发育阶段的能量需要，并且掌握为鸡配合日粮所用饲料的代谢能值就可能为鸡在特定的环境条件下，较准确地预测饲料采食量，并在此基础上确定蛋白质和氨基酸、矿物质和维生素等的水平，这样供给的养分可保障鸡的最佳生长和生产表现。

（二）蛋白质营养

蛋白质是一切生命的重要物质基础，是构成机体细胞的重要组成成分。它涉及机体代谢的大部分化学反应，是细胞的重要组成成分，在生命过程中起着重要的作用。它是一类不能用脂肪、碳水化合物代替的极其重要的营养物质。目前，已知鸡需要的氨基酸约22种，但对每种氨基酸的需要量，则因鸡的生长阶段、生产等情况不同而异。这22种氨基酸虽在一般饲料中都有，但有些含量多，可以满足家禽的需要；有些则很少，不能满足需要。根据是否需要额外补充，通常分为必需氨基酸与非必需氨基酸两大类。所谓必需氨基酸，即在禽体内不能合成，或者虽然能合成但合成的速度及数量不能满足正常生长需要，必须由饲料中供给的，如赖氨酸、蛋氨酸、色氨酸、组氨酸、苏氨酸、精氨酸、异亮氨酸、亮氨酸、苯丙氨酸、缬氨酸、胱氨酸、酪氨酸和甘氨酸。非必需氨基酸是在动物体内能利用含氮物质和酮酸合成，或可由其他氨基酸转化代替，毋需由饲料直接提供即可满足需要的氨基酸。如丙氨酸、谷氨酸、丝氨酸、瓜氨酸、天门冬氨酸等。

氨基酸的利用率取决于日粮组成，决定了其中各种必需氨基酸的含量及比例。限制性氨基酸定义为一定日粮所含必需氨基酸的量与动物所需必需氨基酸的量相比，比值偏低的氨基酸，由于这些氨基酸的不足，限制了动物对其他必需和非必需氨基酸的利用。其中缺乏最多的称第一限制性氨基酸，以后依次为第二、第三、第四……限制性氨基酸，如果不把限制性氨基酸补足，其他氨基酸再多也不能用于蛋白质合成。在玉米-豆粕型生长日粮中，氨基酸限制性次序一般为蛋氨酸、赖氨酸、苏氨酸、精氨酸、缬氨酸和色氨酸。现在生产中用了比较多晶体氨基酸有蛋氨酸、赖氨酸、苏氨酸、精氨酸、色氨酸等，随生物技术的发展，晶体氨基酸的种类会越来越丰富。

（三）水的营养

水是机体的主要组成部分，是血液、细胞间和细胞内液的基本物质，水分参与机体生理活动的全过程。机体内营养物质的分解、输送和吸收、废物的排除、体温的调节等都依赖水分的作用。鸡机体内随年龄增长，水分逐渐减少，脂肪含量逐渐增加，1 周龄雏鸡体内水分达 70%以上，到 42 周龄为 55%左右。同时动物体内不同组织器官中水的含量有较大差别，但都具有重要的生理功能，如参与物质输送、代谢反应、维持组织器官形态，调节体温、酸碱度、渗透压等。动物体内的水来自 3 个方面，饮水、饲料水和代谢水，其中饮水是家禽获得水的主要方式，通常与采食饲料量比例为 2∶1，夏季比例会高些。代谢水在机体代谢过程中产生，一般可提供动物需水量的 5%～10%。动物体内水分的散失则是通过粪便排泄、呼吸和皮肤蒸发，以及形成离体产品等方式。如果饮水量不足，会导致食欲下降，饲料的消化率和吸收率降低，鸡生长缓慢，严重时可引起死亡。特别要注意，夏季对缺水尤其敏感。

（四）维生素营养

维生素是鸡维持生命、生长发育、正常生理机能和新陈代谢所必需的一类特殊的低分子有机化合物。维生素不是形成机体的各种组织器官的原料，也不是能源物质，它们主要以辅酶和催化剂的形式广泛参与体内代谢的多种化学反应，从而保证机体组织器官的细胞结构和功能正常，以维持鸡健康和生产活动。鸡因消化道内微生物少，大多数维生素在体内不能合成，从而不能满足需要，必须从饲料中补充。维生素缺乏时则造成机体物质代谢紊乱，生长停滞以及发生各种疾病，严重时甚至可以引起死亡。鸡所需的维生素有13种，根据其特性，可分为脂溶性和水溶性两类。脂溶性维生素有A、维生素D、维生素E、维生素K。水溶性维生素有B_1、维生素B_2、泛酸、烟酸、维生素B_6、胆碱、生物素、叶酸、维生素B_{12}。鸡日粮中可不必提供维生素C，因为鸡体内能自行合成，为应对应激，会额外补充维生素C。日粮中通常使用维生素添加剂来补充维生素的不足。

1. 维生素A

维生素A能保持黏膜的正常功能，保护上皮细胞完整性，促进鸡的骨骼生长发育，增加对疾病的抵抗力。如缺乏维生素A，则鸡的生长发育将停滞，抗病力下降，并导致眼病；维生素A主要来源于动物产品，主要是鱼肝油等。青绿饲料中含有丰富的胡萝卜素，嫩的含量比老的多，在体内胡萝卜酸的作用下，也能转化成维生素A。饲喂过量的维生素A会引起中毒，鸡对其需要量一般在每千克饲料8 000～10 000 IU。

2. 维生素D

维生素D与鸡体内的钙、磷代谢有关，能促进钙、磷的吸收，帮助骨骼的形成与生长。如果缺乏维生素D，饲料中钙磷的吸收和利用将受限制，骨组织形成受阻，雏鸡出现生长发育不良，两腿无力，骨质变软，导致佝偻病。维生素D在鱼肝油中含量最多，青饲料中的麦角固醇，鸡的皮肤和羽毛中的7-脱氢胆固醇在阳光中紫外线作用下，分别转化为维生素D_2和维生素D_3的活性形式。鸡对其需要量一般在每千克饲料3 000～4 000 IU。

3. 维生素E

维生素E与生殖机能有关，又称生育酚，是一组化学结构近似的酚类化合物，有助于维持生殖器官的正常机能和肌肉的正常代谢作用。维生素E又是一种有效的体内抗氧化剂。缺乏时雏鸡生长缓慢，肌肉萎缩，引起血管和神经系统病变。维生素E在籽实饲料的胚芽中含量丰富，青饲料含量也比较多。鸡对其需要量一般在每千克饲料30～40毫克。

4. 维生素 K

维生素 K 与凝血系统的功能有关，又叫抗出血维生素，缺乏维生素 K 时，鸡只凝血时间延长，导致贫血症，皮下出血出现紫斑。维生素 K 有 4 种：维生素 K_1 在青饲料、大豆和动物肝脏中含量丰富；微生素 K_2 可在鸡肠道内合成；维生素 K_3 和维生素 K_4 是人工合成，作为其添加剂使用。鸡对其需要量一般在每千克饲料 2～3毫克。

5. 维生素 B_1

维生素 B_1 又称硫胺素，为许多细胞酶的辅酶，是鸡体内碳水化合物代谢所必需的物质。缺乏时，正常神经机能受到影响，食欲减退，羽毛松乱无光泽；严重时腿、翅、颈发生痉挛，头向后极度弯曲呈“观星状”、倒地不起。维生素 B_1 在植物性原料如糠麸、青饲料、胚芽、草粉中含量较多，豆类、发酵饲料和酵母粉中含量也较为丰富。鸡对其需要量一般在每千克饲料 2～3 毫克。

6. 维生素 B_2

维生素 B_2 又称核黄素，对鸡体内氧化还原，调节细胞呼吸起重要作用。缺乏时，雏鸡生长缓慢，腿部瘫痪，趾爪向内卷曲，麻痹性瘫痪。植物性饲料中以豆科饲料及其草粉、大麦、麸皮、米糠、豆饼和酵母粉含维生素 B_2 较多。动物性饲料中则以鱼粉和血粉中含量较多。鸡对其需要量一般在每千克饲料 6～8 毫克。

7. 泛酸

泛酸是辅酶 A 的重要组成成分，与碳水化合物、脂肪和蛋白质代谢有关。缺乏时，雏鸡生长缓慢，羽毛粗糙，发生皮炎，嘴角及眼睑周围结痂，鸡爪发生炎症。鸡对其需要量一般在每千克饲料 7～12 毫克。

8. 烟酸

烟酸在体内转化为烟酰胺，对鸡机体内碳水化合物、脂肪和蛋白质代谢起重要作用。缺乏时，鸡只食欲减退，发生黑舌病，羽毛松乱缺乏光泽，并有下痢现象。烟酸在谷物饲料中、青绿饲料中、动物性副产品中含量较为丰富。鸡对其需要量一般在每千克饲料

10～15 毫克。

9. 维生素 B_6

维生素 B_6 与体内蛋白质、脂肪和碳水化合物代谢有关。缺乏时，雏鸡生长停滞、兴奋、无目的运动；成年鸡缺乏时食欲下降。糠麸、苜蓿、干草粉和酵母内含量丰富。鸡对其需要量一般在每千克饲料 3～6 毫克。

10. 胆碱

胆碱不是代谢过程催化剂，为蛋氨酸等合成甲基的来源，有调节脂肪代谢作用，可防止脂肪在肝中沉积。缺乏时，雏鸡生长缓慢，易形成脂肪肝。鱼粉、饲料酵母和豆饼等胆碱含量丰富，米糠、麸皮、小麦等胆碱的含量也较多。鸡对其需要量一般在每千克饲料 400～600 毫克。

11. 叶酸

叶酸是转移一碳单位所必需的，参与核酸代谢和核蛋白的形成。缺乏时，雏鸡生长缓慢，色素消失，羽毛生长不良、贫血。内脏、硬果是比较好的来源，谷物中含量较低。鸡对其需要量一般在每千克饲料 1～3 毫克。

12. 生物素

生物素参与脂肪和蛋白质的代谢，是二氧化碳的载体。缺乏时，鸡易患皮肤炎，脚底变粗糙、裂口出血，胫骨粗短是其典型症状。一般原料中生物素的含量都比较丰富。鸡对其需要量一般在每千克饲料 0.1～0.30 毫克。

13. 维生素 C

维生素 C 与细胞间质、骨胶原的形成和保持有关，还具有抗应激、提高免疫的作用。鸡体内具有合成维生素 C 的能力，一般情况不会缺乏。当鸡处于应激状态时增加维生素 C 的用量，有助于提高鸡只的抗应激能力。

（五）矿物质营养

矿物质在饲料中以有机盐或无机盐类的形式存在。根据各种矿物质在体内含量多少不同，可分为常量元素和微量元素两大类。占鸡体重0.01%以上的，如钙、磷、钠、氯、硫、镁、钾等称常量元素；占鸡体重0.01%以下的，如铁、铜、锌、锰、碘、硒、钴等称为微量元素。

1. 钙

钙是机体内含量最多的矿物元素，是骨骼主要成分，体内99%钙存在于骨骼和喙中。它对于凝血及与钠、钾一起保持酸碱平衡和维持正常的心脏机能很重要，钙还有调节神经和肌肉功能。雏鸡缺钙易患软骨病，但钙过多也会影响雏鸡生长和锰、锌的吸收。钙在一般植物性原料中含量很少，要注意补充。

2. 磷

鸡体内约80%钙存在于骨骼中，与钙一起构成骨组织，磷能促进骨骼形成，在碳水化合物和脂肪代谢中起重要作用，并参与细胞重要成分的组成和维持机体酸碱平衡。鸡缺磷时，食欲减退，生长缓慢；严重时关节硬化。一般植物性原料中含磷量均比较高，但要注意主要是植酸磷形式存在，其利用率在60%左右，启用植酸酶能释放更多有效磷。同时钙和磷作用有密切关系，二者必须按适当比例才能被吸收、利用。

3. 氯和钠

氯和钠通常以食盐的方式供给，主要是维持鸡机体内的水分代谢和渗透压平衡，刺激食欲，提高饲料适口性等作用。食盐不足则鸡消化不良，食欲减退，生长缓慢，容易出现啄肛。日粮中补充食盐时，要考虑水质中食盐含量，尤其在沿海及产盐地区。含盐量过多易引饮水量增多，甚至起食盐中毒。

4. 锰

锰是鸡生长、繁殖和防止脱腱症所必需的微量元素。日粮中缺锰，腿骨变薄，共济失调，孵化率降低。常规原料米糠、豆类、胚芽中均含有一定量锰。

5. 镁

参与骨骼和牙齿组成，作为酶的活化因子或直接参与酶的组成，在蛋白质代谢中起重要作用。肉鸡缺镁时生长受阻，过度兴奋。镁过量也可使动物中毒，表现为运动失调，拉稀，采食量下降，甚至死亡。一般饲料原料含镁量足够，因此家禽日粮一般不用添加镁。提高日粮钙、磷水平的同时也需要提高镁的水平，但高镁不利于鸡生产。

6 铁

铁是合成血红蛋白的原料，是各种氧化酶的组成物质，与血液中氧的运输和细胞生物氧化过程有关。缺乏时，发生营养性贫血。鸡对铁的耐受量比较大，为 1 000 毫克/千克，过量时，采食减少、体重下降，影响磷的吸收。正常可由日粮满足，不需要额外添加。主要来源于谷物类、豆类、鱼粉、含铁化合物。

7. 铜

铜是酶的组成成分，参与多种酶的活动，参与血红蛋白合成及酶的合成与激活，能促进铁的吸收和血红蛋白的形成，参与骨骼形成。缺乏时，引起贫血、肌质疏松和生长不良。过量时，发育不良，出现溶血症。主要来源于含铜化合物，常规饲料原料中含量不多。

8. 锌

锌有助于锰、铜的吸收，参与酶系统的作用，是多种酶的组成成分或辅助因子，还与骨骼、羽毛的生长有关，维持激素正常水平。缺乏时，雏鸡采食量减少，羽毛生长不良；锌主要来源是含锌化合物、动物性原料、饼粕及糠麸。

9. 碘

碘是酶的活性元素。缺碘时，甲状腺肿大，基础代谢降低，体重下降，对低温适应差。主要来源于海产物和碘化合物。

10. 硒

硒与维生素 E 互相协调，并与抗氧化密切相关，是谷胱甘肽氧化酶的组成成分，是蛋氨酸转化为半胱氨酸所必需的元素，并有防止肌肉萎缩与渗出性素质病的作用。鸡缺硒主要表现为渗出性素质和胰腺纤维变性。

11. 钴

钴是维生素 B_{12} 的重要原料。日粮中缺乏钴时，不仅会影响体内肠道微生物对维生素 B_{12} 的合成，而且会引起鸡只生长迟缓和恶性贫血。

第二节　雪山鸡专用饲料配制技术

一、雪山鸡常用饲料营养价值

雪山鸡的消化生理与生产性能决定了其对饲料的营养价值有着特殊的要求，要求相对的高能量低纤维。从适合家禽的饲料原料种类来看，常见的有谷物类、饼粕类、动物性蛋白类、矿物质和添加剂类。随着生物技术发展、原料加工技术提高、原料属性认知水平增强、养殖技术的提高等因素，鸡饲料的原料来源也日益广泛。

（一）谷物类原料

1. 玉米

我国华北、西北、东北等地区盛产玉米。玉米一部分作为饲料原料，一部分用于生产淀粉、酒精加工业。玉米在我国是肉鸡日粮中的主要能量饲料。玉米的代谢能为 14.07 焦耳/千克，最高可达 15.07 焦耳/千克。是谷实类饲料中能量的最高者，其原因是玉米中粗纤维很少，仅 2%左右，而无氮浸出物高达 72%左右。同时玉米的粗脂肪含量高，在 3.0%～4.5%之间，是小麦或大麦的 1～2 倍。玉米的亚油酸含量达到 2%左右，是所有谷实类饲料中含量最高者。如果玉米在日粮中的配方比例达到 50%以上，则仅玉米即可满足动物对亚油酸的需求。玉米中所含叶黄素 15～25 毫克/千克，这也是一般谷物类原料所不能比的。玉米粗蛋白质的含量低于其他谷实类饲料，而且不同品种、收获期、年份蛋白质的含量变异也大，含蛋白质 6.5%～9.3%，平均为 7.2%左右。其氨基酸组成对肉鸡并不理想，赖氨酸、蛋氨酸和色氨酸的含量不足，赖氨酸平均含量为 0.25%，蛋氨酸为 0.15%，色氨酸为 0.07%。由于玉米在日粮中所占的比例较大，玉米中蛋白质含量偏高或偏低，直接会影响到日粮中蛋白质水平，在配制以其为主体的全价配合饲料时，必须检测它们的实际含量。

玉米使用时几个关键质量控制指标，粗蛋白质、容重、水分、杂质、色泽、气味、不完善粒等。粗蛋白含量决定了其氨基酸量；容重对玉米能量有一定影响，相关报道不相一致，一般容重每降1克/升，玉米能值低4.18焦耳；玉米的含水量变化很大，需要高度重视，一方面因玉米在日粮中使用比例大，玉米水分含量对成品水分影响很大，另一方面玉米水分含量会影响其能量值，通常认为玉米水分每升高1%，能值降低167焦耳。不完善粒中包括虫蚀粒、病斑粒、破损粒、生芽粒、生霉粒、热损伤粒。玉米使用前最好对其进行过筛处理，这样不仅去除了其中杂质，同时还能大大降低霉菌毒素危险，因玉米在搬运过程中，表面的霉菌毒素会部分脱落于粉式杂质中。虫蚀粒、病斑粒、破损粒、生芽粒、生霉粒这类不完善粒均影响能值，并且其霉菌毒素含量也会比较高。对于烘干玉米，现在大部分分两次烘干工艺，但依然有不少烘干玉米存在焦煳粒现象，这些经温度过高或过长时间的热处理会引起玉米的焦糖化现象，使其产生特殊的焦煳味和外观黑色碳化斑点，还可能与碳水化合物发生美拉德反应，从而降低氨基酸有效性，特别是赖氨酸有效性。如果生长、收获季节或贮藏期条件不适当，玉米极易感染霉菌及其霉菌毒素。有试验表明，硅酸铝、膨润土类部分消减较高水平的黄曲霉毒素，随着整个环境变暖、气候异常等，感染霉菌毒素可能将越来越大，在使用时必须关注。

2. 小麦

小麦依栽培季节可分为春播夏收的春小麦和秋播第二年初夏收获的冬小麦，依谷粒质地可分为硬小麦及软小麦，依谷物外表颜色可分为茶褐色的红小麦和淡黄色的白小麦。

小麦与玉米相比主要有以下不同：①小麦的代谢能水平比玉米低，比大麦和燕麦高，约12.97焦耳/千克。②小麦的蛋白质含量高，达到12.0%以上，高出玉米、高粱等谷实类原料很多；由于蛋白质含量的提高，必需氨基酸的含量也较高，其氨基酸组成中缺乏赖氨酸及蛋氨酸。③小麦含有的淀粉多糖是木聚糖，会引起食糜黏度增加，影响它的吸收利用。④含色素含量非常低。⑤小麦脂肪含量低，脂肪含量在1.5左右，仅约为玉米的50%。

小麦全量取代玉米用于鸡饲料中，效果不如玉米，仅及玉米的90%左右，主要与小麦中所含的非淀粉多糖有关，随着饲料用酶制剂技术的成熟，如果在日粮中添加木聚糖等复合酶，小鸡阶段可以取代玉米的30%～50%，中大鸡阶段可以取代玉米的50%～100%。小麦如果做粉料，不宜粉碎太细，否则会引起粘嘴现象，造成适口性降低，采食量降低，如果做颗粒饲料，则不会有影响。小麦亦有污染麦角毒的可能，籽实生长异常者应做检测。

表3-7 玉米、小麦营养指标对比

指标	玉米	小麦	相差倍数
粗蛋白（%）	8.7	13.9	
鸡代谢能（MJ/kg）	13.85	12.97	0.99
粗脂肪（%）	3.6	1.7	0.47
钙（%）	0.02	0.17	8.50
总磷（%）	0.27	0.41	1.52
有效磷（%）	0.1	0.21	2.10
赖氨酸（%）	0.24	0.3	1.25
苏氨酸（%）	0.3	0.33	1.10
色氨酸（%）	0.07	0.15	2.14
蛋氨酸（%）	0.18	0.25	1.39
亚油酸（%）	2	0.8	0.40

3. 高粱

高粱种类有很多，依色泽也可分为四类：褐高粱也称黑高粱，单宁酸含量较高（1%～2%），具苦味，适口性差，中国和中南美种植较多；黄高粱，也称红高粱，单宁含量较低（0.4%以下），适口性较好，主要产自美洲和澳大利亚；白高粱：单宁含量较低，但籽粒小，产量不高，种植量较小；混合高粱：上述高粱混合者，通常指黄高粱中所含褐高粱超过10%的高粱。

与玉米相比，其去皮的高粱化学组成与玉米相似，代谢能含量与玉米近似。蛋白质含量因高粱品种不同而变异很大8%～16%，平均为10%；精氨酸、赖氨酸、蛋氨酸的含量略低于玉米，色氨酸和苏氨酸含量略高于玉米。高粱的水分、破碎粒、发芽率及酸价等特性均优于玉米，因此耐贮存性能较好。

因高粱的营养价值受品种影响很大，一般估计其为玉米的95%左右，故比玉米便宜5%以上时可以使用。一般日粮中单宁含量在0.2%以下时，不会影响日粮的饲喂效果，低单宁高粱含单宁量为0.45%左右，高单宁高粱含单宁1.80%左右，因此高单宁酸含量的褐高粱用量应在5%～15%以下，雏鸡避免使用，低单宁酸含量的黄高粱则可用至40%～50%，甚至全部取代玉米也不影响饲养效果。大多研究报道，最为简单而有效地克服单宁的不良作用的方法是在含有高单宁日粮中添加0.15%的蛋氨酸。使用高粱时，其中单宁含量要定期检测，至少把检查外观种皮颜色作为丹宁含量的一个重要质量指标。

4. 大麦

大麦蛋白质含量高于玉米，蛋白质含量为12%～13%，是谷实类饲料中含蛋白较多的饲料原料，氨基酸中除蛋氨酸和亮氨酸外均高于玉米，但利用率比玉米差。大麦的代谢能水平与其容重有关，与其纤维含量呈强负相关。由于大麦种子有一层外壳颖苞，其粗纤维含量较高，为5%～7%，无氮浸出物较低，故热能较低。其代谢能值仅为玉米的77%左右。大麦作畜禽饲料原料应先粉碎或压片后再使用，其适口性不如玉米，尤其当粉碎太细时，有拒食现象，若制成颗粒料则无此现象；脱壳大麦粉有黏性，可有利于颗粒料的粘合；带壳大麦，因纤维不易粉碎，具有松散性，成型颗粒容易裂散。

大麦中含有较高的非淀粉多聚糖（NSP），主要是β-葡聚糖，而家禽消化道中又缺乏消化这种多糖的酶，导致食糜在消化道内黏度增加，影响小肠对营养物质的吸收，容易造成湿粪等肠道问题。近年来因饲用酶制剂技术的迅速发展，如果在大麦日粮中添加

β-葡聚糖酶，其营养水平近等于小麦。考虑到大麦因含纤维含量高、色素低等因素，在鸡饲料中大麦可以替代玉米30%左右。大麦有可能感染麦角毒素、霉菌等微生物，因而导致鸡中毒或利用率下降，因此应避免使用等级太差的大麦。

5. 稻谷和糙米

稻谷可分为稻壳（即统糠、粗糠，约占20%），种皮（即米糠层，占5%～6%），胚芽（占2%～3%）及胚乳（占70%～75%）。稻谷是所有谷物外皮中营养最低者，稻壳中仅含3%的粗蛋白质，40%以上系粗纤维，粗纤维中约50%是难以消化的木质素。稻壳本身的营养很低，同时还影响其他营养物消化，一般作为添加剂载体或养殖垫料用。稻谷的营养值可估计为玉米或糙米的75%。稻谷因粗纤维较高，用于肉鸡饲料须限制其量。小鸡（0～4周）使用15%～30%稻谷，中大鸡（6～8周）使用30%～40%稻谷。

稻谷去外壳后为糙米，其营养价值比稻谷高，其消化率和能值与玉米相似。糙米能值几乎与玉米接近，碎米中含有胚芽，所以其蛋白质略高于玉米，氨基酸组成与玉米相比并不逊色，是一种比较好的原料，可以100%替代玉米。

6. 全脂米糠

糙米精制过程中所脱除的果皮层、种皮层及胚芽等混合物称为全脂米糠，其内可能混合有少量不可避免的粗糠、碎米，粗纤维含量应在13%以下。全脂米糠的成分受糙米精制程度影响很大，精制愈彻底，淀粉含量增加，纤维减少、能量随之提高。全脂米糠所含碳水化合物占30%～35%，以纤维及半纤维居多；米糠蛋白质中，第一第二限制氨基酸分别为赖氨酸及蛋氨酸，精氨酸含量特高。米糠含油高达10%～18%，杂交水稻脂肪通常比粳稻高出2%～4%，大多属不饱和脂肪酸。米糠中植酸盐类含量特高，约10%～15%。全脂米糠中含有胰蛋白酶抑制因子，加热可去除，否则采食太多会造成蛋白质消化不良。米糠中所含粗脂肪的不饱和脂肪酸含量高，全脂米糠很易氧化酸败，主要是脂肪分解酶对其影响，高温季节使用要关注。因米糠加热可破坏酶从而提高其稳定性，生产实践中有用130℃膨化制粒方法存贮。

鸡料中全脂米糠取代玉米时，考虑其胰蛋白酶抑制因子和植酸影响，同时全脂米糠易变质，鸡料中以使用5%以下为宜，颗粒状饲料则可酌量增至10%～20%，用量太高会影响适口性。

7. 米糠粕（脱脂米糠）

全脂米糠经溶剂或压榨提油后残留的米糠即为米糠粕，粗蛋白质含量应在14%以上，高的达16.5%，粗纤维含量14%以下。脱脂米糠在脱脂过程中经加热，脂解酶已被破坏，同时其脂肪含量低，故可长期储存，不必担心脂肪氧化、酸败问题。与全脂米糠成分上的不同，主要在脂肪与脂溶性物质已被脱除，仅余2%左右的脂肪，其他蛋白质、粗纤维、矿物质、碳水化合物等成分均与全脂米糠类似。米糠粕因能量含量低，一般在鸡料中用量低，能量需求量低的鸡料中可用至20%。

8. 小麦麸

小麦麸中所含粗脂肪仅为米糠含量20%左右，粗纤维含量却高于米糠，所以小麦麸的有效能值也明显地低于米糠。麸皮的成分与米糠粕类似，但氨基酸组成较佳，赖氨酸含量较高，约为0.67%，但蛋氨酸含量低，约为0.11%，消化率也略优于脱脂米糠；纤维含量高，属于低能量原料。麸皮具有比重轻，体积大的特点，常可用来调节日粮的能量浓度。对于生长速度要求相对快的鸡生长阶段，需要能量浓度高，一般不用低能量的麸皮；生长速度要求相对慢阶段，作为营养浓度稀释物，鸡料用量在15%以下。

9. 次粉

次粉又称黄粉、下等面或三等粉，是以小麦籽实为原料磨制精白面粉时获得的副产品。次粉和麸皮同是加工面粉的副产品，由于加工工艺不同，制粉程度不同，出麸率有所不同，因而次粉和麸皮内容差异很大。次粉中蛋白质含量要低于麸皮或差异不大，但粗纤维含量显著下降，平均含量约为3.5%；无氮浸出物含量也高，因而次粉代谢能值要比麸皮高得多，其代谢能为11.92焦耳/千克。

质量从外观的色泽及含细麸皮量来判定，随精制程度的提高，淀粉含量愈多，能量愈高。色泽越白越接近面粉成分，营养价值越高，色泽越深说明含麸量越高。优质的次粉可以作为肉鸡颗粒饲料的黏合剂和能量源，鸡料中用量5%～30%。

10. 玉米干酒糟及可溶物（DDGS）

生产乙醇过程中，一般是3吨玉米产生1吨乙醇、1吨二氧化碳、1吨DDGS。因此，DDGS中营养成分与玉米差异较大。DDGS中粗蛋白含量是玉米的3倍多，粗蛋白含量24%～29%，粗脂肪是玉米的3～4倍，达8%～12%，现代加中过程中部分使用脱脂工艺。DDGS中各种必需氨基酸的绝对含量高于玉米中相应的氨基酸含量，但与玉米一样，其氨基酸不平衡，且利用率略低于玉米。DDGS中的粗纤维含量高达12.5%左右，代谢能值明显低于玉米。此外DDGS中磷的含量高达0.7%，其生物学利用率也比较好，达70%左右。同时叶黄素含量达40毫克/千克，接近玉米的2倍。一般情况下，加工DDGS玉米质量要求相对要低些，使用时要关注其霉菌毒素含量。

DDGS的来源不同，其产品质量差异较大。其中对DDGS品质影响最大的是加工工艺中干燥方法。糟液中含有蛋白质等热敏性物质，烘干过程中，易发生美拉德反应，造成赖氨酸、可消化赖氨酸及代谢能的大幅变化，从而降低玉米DDGS成品的营养价值。颜色深浅一般与酸性洗涤纤维有关。不同色泽、不同来源DDGS之间，赖氨酸含量差异极大。其他氨基酸含量也有差异，但差异程度不及赖氨酸。DDGS产品的质量控制指标主要是气味与颜色，颜色浅其营养特性较高。进口的DDGS总体比国产的外观色泽淡，酸性洗涤纤维含量低，氨基酸水平含量高。鸡饲料中用量5%～12%。

11. 玉米胚芽粕（饼）

玉米胚芽粕以玉米胚芽为原料，经压榨或浸提取油后的副产品。玉米胚芽粕（饼）不耐储存，易氧化。玉米胚芽粕中之霉菌毒素含量均为原料玉米的1～3倍。玉米胚芽粕中含粗蛋白质

18%～20%，粗脂肪1%～2%，粗纤维11%～12%，玉米胚芽饼粗脂肪8%～12%。玉米胚芽粕（饼）中的氨基酸含量不及玉米酒精糟，属于低质量的饲料原料，在肉鸡用量小于10%。

（二）植物蛋白类原料

1. 豆粕

豆粕已在全世界成为其他蛋白质来源与之相比较的标准。其氨基酸组成对于鸡来说非常适合。豆粕的营养特点：①代谢能值在饼粕类原料中算比较高，禽代谢能可达到10.05～10.47焦耳/千克，去皮豆粕在10.47焦耳/千克以上。②氨基酸：豆粕的蛋白一般在40%～48%之间，依其去皮程度和品种而定，去皮程度越高蛋白含量越高；巴西大豆蛋白含量相对较高，氨基酸的比例是常用饼粕原料中最好的。抗营养因子主要是胰蛋白酶抑制因子，主要危害是抑制胰蛋白酶的活性而影响蛋白质的消化，引起鸡胰脏代偿性肥大。一般而言，豆粕脲酶活性在0.05～0.2范围属正常，活性过高说明热处理不够（或者温度偏低，或者处理时间不够）；脲酶活性过低说明热处理过度，这样会降低赖氨酸的消化率和有效能值，但该指标对过热处理的反应不很敏感，通常会采用溶解度法测定豆粕的过热程度（75%～82%比较好）。

2. 全脂大豆

全脂大豆是禽类很好的能量和蛋白来源，大豆的含油率一般为18%，粗蛋白约36%。和其他原料一样，使用程度取决于经济效益，其经济效益与豆粕的相对价格和补充脂肪的相对价格有关。和豆粕一样，对大豆必须以某种方式进行热处理，以破坏胰蛋白酶抑制因子，同时也改善总的蛋白质消化率。现在通常采用膨化的加工方式，挤压和膨化效果也可以通过测定尿酶和有效氨基酸含量来衡定。粉碎较细使其细胞中的油能够释放出来，这样有利于提高脂肪的消化率。但同时带来负面影响，容易氧化酸败，不宜长期保存。

3. 菜籽饼（粕）

菜籽饼和菜籽粕为油菜籽提取油后的副产物。用压榨法榨取油后的副产品称为菜籽饼，用浸提法或经预压后再浸提取油后的副产品称为菜籽粕。菜子饼中粗蛋白质含量35%～36%，菜籽粕中粗蛋白含量37%～39%。一般菜籽饼（粕）中粗纤维含量为12%～13%，影响其有效能值，属低能量蛋白质饲料。含硫氨基酸含量高是其特点之一。但赖氨酸含量低，精氨酸含量较低，精氨酸与赖氨酸之间较平衡。在氨基酸组成中，蛋氨酸、赖氨酸含量均高，在各饼粕中分别仅次于芝麻粕及大豆粕。精氨酸含量则显著低，故可供氨基酸平衡用。与棉籽饼粕合用，许多成分可得到互补。油菜中的主要抗营养物质有：硫葡萄糖苷、芥子碱、单宁、植酸等。

菜籽饼粕的适口性差与抗营养因子的存在、粗纤维含量高和氨基酸有效性低等有关。对氨基酸有效性人们做了大量研究，发现与加工工艺直接相关。在加工过程中，挤压或烘干过程中发生了美拉德反应，即使氨基酸总量减少（尤其是赖氨酸），又使氨基酸可利用性下降，可以借用蛋白质溶解度来衡量，蛋白质溶解度大于35%质量较好。通常的幼雏3%以下用量，肉鸡后期可使用至10%～15%。

4. 棉籽饼（粕）

棉籽饼以棉籽为原料经脱壳、去绒或部分脱壳、再提取油后的副产品。棉籽粕的营养价值受到棉酚和环丙烯脂肪含量的影响，碳水化合物以糖类及戊聚糖为主，纤维含量随去壳程度而不同，氨基酸中赖氨酸含量低，为第一限制氨基酸。棉籽饼粕中存在多种抗营养因子，最主要的是游离棉酚。棉酚是存在于棉籽色素腺体中的一种毒素。棉酚中毒表现为生长受阻、生产能力下降、贫血、呼吸困难、繁殖能力下降甚至不育，严重时可死亡。一般有腺体棉籽仁中棉酚含量约为1.0%，其中仅0.1%是游离棉酚，其余是结合棉酚，有较大的惰性，但是在加工过程中它可能和赖氨酸相结合，使棉酚和赖氨酸都不能被禽所利用。棉酚可以和铁络合，这一特性可以用来对棉粕有效脱毒。一般所用亚铁为硫酸亚铁，脱毒添加量为棉酚含量的5倍，由于一般棉籽中棉酚含量约0.1%，每吨棉籽粕中加0.5%硫酸亚铁就可以达到脱毒目的，因而在市场见到有些棉粕会呈红色。加硫酸亚铁后肉仔鸡棉酚的耐受量为150毫克/千克，成年鸡可达 400 毫克/千克。新疆地区种植低酚棉品种，游离棉酚含量约为正常棉籽 50%。含壳太多的棉籽粕能量不高，鸡饲料使用量 4%～8%。

5. 亚麻仁饼（粕）

亚麻籽经机械压榨或溶剂提油后的残粕或经细碎、压片即为亚麻籽粕。亚麻饼及亚麻粕中粗蛋白质及各种氨基酸含量与棉、菜籽饼（粕）近似，粗纤维约含 8%，从蛋白质质量及有效能量供给的角度分析在饼粕类中属中等偏下水平，近年来有脱壳工艺，可明显提高亚麻仁（粕）的饲用价值。在氨基酸组成中赖氨酸及蛋氨酸较缺乏，富含色氨酸。亚麻籽中含有亚麻苷，亚麻苷被酶作用而游离出氢氰酸（HCN），会造成中毒。鸡饲料一般不推荐使用亚麻籽粕，5%用量即造成食欲减退，生长不良，并排出黏性粪便，同时注意维生素 B_6 的补充。

6. 花生仁饼（粕）

花生仁饼、粕是以脱壳后的花生仁为原料，经压油后粗脂肪在10%左右称为饼；压油再经浸出油后粗脂肪 1.5%左右副产品称为粕。花生仁饼和花生仁粕中的粗蛋白质含量分别约含 45%和 48%，其氨基酸组成不佳，赖氨酸含量和蛋氨酸含量都很低，但其精氨酸含量高达 5.2%左右，是所有动、植物饲料中的最高者。饲喂鸡时必须与含精氨酸少的菜籽饼、粕、鱼粉、血粉等配伍。不带壳的花生饼中粗纤维的含量一般在 4%～6%，但目前许多花生原料中均或多或少带壳，进口花生粕壳含量往往更高。测定花生饼中的粗纤维含量可作为监测花生壳掺入量的手段；花生粕易感染霉菌，产生黄曲霉毒素，国家规定其黄曲霉毒素 B_1 含量不得大于 50 微克/千克，一般检测含量在 10～40 微克/千克。生花生中抗胰蛋白酶，120℃左右的加热，能破坏抗胰酶物质。鸡饲料可使用 5%～12%。

7. 芝麻粕（饼）

机榨的芝麻饼中残油为 8%～11%，粗蛋白质 40%；有机溶剂浸提的芝麻粒中残油为 2%～3%，粗蛋白质 42%～44%，粗纤维含量相对较高为 6%～10%。芝麻饼蛋白质中的蛋氨酸是所有植物性饲料中蛋氨酸含量最高的，蛋氨酸含量是豆粕、棉仁粕的2倍左右，比菜籽粕、向日葵粕高出约30%但赖氨酸含量低，仅1.0%左右，而精氨酸含量高在4.0%左右。但小磨香油为其香味，芝麻饼在取油前需炒熟褐变，因此氨基酸利用率相对较低。芝麻籽实的种壳含有大量的草酸和肌醇六磷酸（植酸）这两种抗营养因子。即使补足赖氨酸，芝麻粕用于鸡饲料的效果仍明显劣于大豆粕，芝麻粕（饼）通常具有苦涩味，适口性较差。故鸡饲料用量不宜超过10%，雏鸡中慎用。

8. 向日葵粕

赖氨酸为第一限制氨基酸，但含硫氨基酸量高；粗纤维含量随壳的比率不同而不同，葵花籽壳的粗纤维含量高达64%（干物质中），因此脱壳程度对葵花籽饼粕的营养价值影响很大。向日葵粕中的难消化物质，一般认为主要来自于籽壳中的木质素，向日葵粕中还含有少量的酚类化合物，主要是绿原酸，这是一种对胰蛋白酶、淀粉酶和脂肪酶活性均有抑制作用的物质，占0.7%～0.82%。连壳者因能量低，营养价值相对低，脱壳者肉鸡用量4%～8%。

9. 玉米蛋白粉

玉米蛋白粉或叫玉米面筋粉，蛋白质含量55%～68%，是生产玉米淀粉与玉米油的同步产品。颜色为金黄色，蛋白质含量愈高，色泽愈鲜艳，贮存时间过长，色泽也变淡，干燥过度则颜色偏黑。味道为带玉米烤过之味，并具玉米发酵之特殊气味。玉米蛋白粉的蛋氨酸含量很高，可与相同蛋白质含量的鱼粉相当。但赖氨酸和色氨酸含量严重不足，不及相同蛋白质含量的鱼粉的25%。由黄玉米制成的玉米蛋白粉含有很高的类胡萝卜素，其中主要是叶黄素（约占53.4%）和玉米黄素（约占29.2%），前者约是玉米的15～20倍，对鸡蛋黄及皮肤着色效果良好，是很好的着色剂。原料的品质对成品品质影响很大，玉米质量不好的蛋白粉黄曲霉毒素高达80毫克/千克。玉米蛋白粉属高蛋白高能饲料，蛋白质消化率和可利用能值高，用于鸡饲料中，既可节约蛋氨酸添加量，又能改善蛋黄和皮肤的着色。一般添加比例为2%～5%，最好不要超过

5%，以免氨基酸不平衡影响饲喂效果。

（三）动物性蛋白质饲料

1. 鱼粉

鱼粉是以鱼为原料，去掉水和部分油，加工制成的高品质蛋白质饲料。鱼粉含有高浓度的必需氨基酸，并含有一定量的脂肪（9%），这使鱼粉有较高的能值。鱼粉含有丰富的矿物质特别是磷，鱼粉中维生素的含量也很丰富，是品质优良的蛋白饲料之一。

使用鱼粉的注意事项：①掺假问题，这是影响鱼粉使用的首位问题。常用的掺假原料有：羽毛粉、血粉、皮革蛋白粉、尿素及其衍生物、肉骨粉、虾粉等。②食盐含量，良好鱼粉的食盐含量在1%～2%，劣质鱼粉食盐含量可能达到10%～20%，食盐超标的主要原因是小型捕捞或加工厂，为了防止鱼的腐坏大量加廉价的海盐所致。③氧化酸败，存放时间长短。④沙门氏菌污染。⑤胺类物质和肌胃糜烂素。⑥鱼的新鲜度，鱼加工前的新鲜度是影响鱼粉品质的重要因素。监测加工原料的新鲜度可以通过测定挥发性氮总量（VBN）进行判断。VBN小于100毫克氮/100克鱼为新鲜度比较好，超过180毫克氮不能使用。因为其价格偏高，在鸡养殖业中很少使用。

2. 虾粉、虾壳粉、蟹粉、蟹壳粉

虾粉含蛋白质约40%左右，可当蛋白质来源使用，但其中部分蛋白质来自几丁质的氮，无利用价值，而虾壳粉的蛋白质则大部分来自几丁质，利用率甚差，虾壳是等量碳酸钙和几丁质构成，碳酸钙可当钙源利用，而几丁质则无营养价值，几丁质是一种类似纤维素的高分子碳水化合物，此部分蛋白去除后的真正蛋白质，是来自体内及内脏，品质甚佳。虾粉、虾壳粉亦含有部分脂肪，该油含有大量多不饱和脂肪酸，并具丰富的胆碱、磷脂、胆固醇等成分。蟹粉、蟹壳粉的成分特性同虾粉、虾壳粉。此类产品含有还原虾红素，用于鸡饲料均具着色效果，并可提升饲料风味，但用量不超5%，以免影响氨基酸及矿物质平衡。

3. 肉粉、肉骨粉

肉粉是用动物屠宰后不宜食用的下脚料以及肉类罐头厂、肉品

加工厂等的残余碎肉、内脏经过切碎，充分煮沸，压榨，尽可能分离脂肪，残余物干燥后制成粉末，就是肉粉。纯肉粉中不含骨头，加工中含骨头的称为肉骨粉。肉粉与肉骨粉组分比较接近，主要区别在磷的含量，4.4%以上称之肉骨粉，以下称为肉粉，肉骨粉含骨较多故磷量较高。

肉骨粉、肉粉均属蛋白质饲料原料，也是很好的钙、磷来源，但氨基酸组成不佳，赖氨酸及色氨酸均不足，利用率变化大。肉骨粉及肉粉之氨基酸成分不易掌握，尤其角质及结缔组织含量多的产品，所含必需氨基酸量很低，故蛋白质价值也差。肉骨粉掺杂情形相当普遍，最常见的是使用水解羽毛粉、血粉以及贝壳粉、蹄、角、皮粉等，正常含钙量应为磷的2倍左右，灰分含量应为磷量的6.5倍以下，比例异常者有掺伪的可能；纤维多来自胃肠内容物，含量过高表示此类物质过多。进口类质量相对稳定，国产因品质稳定性差。用量宜加限制，鸡饲料中以使用6%以下为宜。

4. 水解羽毛粉

羽毛粉含蛋白质80%以上，羽毛蛋白质的主要成分为含双硫键的角蛋白，加热水解或酶解可提高其利用价值，若善加选择与利用可降低饲料成本。氨基酸中以含硫氨基酸含量最高，含硫氨基酸含量居所有天然饲料之首，以胱氨酸为主，可高达4%，一般水解过度胱氨酸损失较多。亮氨酸含量较多，含异亮氨酸可达5.3%，宜与异亮氨酸缺乏的血粉配合使用。但蛋氨酸、赖氨酸、色氨酸、组氨酸等含量均很低，用于饲料中易造成氨基酸不平衡。毛粉的饲用价值取决于原料的质量、处理方式、酶解和水解程度等，质量良莠不齐。但总体上，羽毛粉饲用价值还比较高，主要用于补充含硫氨基酸需要量，鸡饲料中用量3%～5%。

5. 血粉

血粉是以畜禽血液为原料，经脱水加工而成的粉状动物性蛋白质补充饲料。血粉的粗蛋白质含量高，可达80%～90%，赖氨酸含量达7%～8%，比鱼粉含量还高，含硫氨基酸含量与进口鱼粉相近，可达1.7%；色氨酸1.1%，比鱼粉高出1～2倍。组氨酸的含量也较高，精氨酸含量低；故与花生仁饼或棉仁饼配伍，效果较好。色氨酸的相对量也较低。近年来的市场上出售的“发酵血粉”，多数是一些血液吸附物，质量不稳定，适口性也差，利用率低，使用时应慎重，如果血粉烘的温度过高，其颜色就变得接近于黑色而不是红褐色，其利用率降低。

血粉可补充家禽蛋白质需要，但因黏性太强，多用会粘着鸡喙，妨碍采食，加之适口性差，氨基酸不平衡，用量不宜太高，否则会引起适口性问题和动物生长差和羽毛不正常。鸡料中以不超2%为宜。

（四）油脂类饲料

在室温下，呈液态的脂肪叫油，呈固态的叫脂。油脂中的主要成分是甘油三酯，它的物理性质取决于脂肪酸的组成。油脂可分为动物性脂肪和植物性脂肪，统称为油脂。动物性脂肪由牛、羊、猪、禽等的体组织中提炼出来的，植物油是各种油料籽实、种皮中榨取的油。在鸡饲料中，可利用人类不宜食用或人类不喜欢食用的油或油渣。动物性脂肪中用作饲料的有牛、羊、猪、禽等脂肪，植物油包括玉米油、花生油、葵花油、豆油和米糠油等。

从营养上对鸡来说，饱和脂肪酸和非饱和脂肪酸的比值以及亚油酸的含量都是重要指标。饱和脂肪酸含量为35%，亚油酸和亚麻油酸的含量不低于20%。油脂的能量浓度很高，并且容易被动物利用，具有高净能特点，以单位重量计算，它含的能量是纯淀粉的2.25倍，可高达39.3焦耳/千克。

植物油的代谢能值为34.3～36.8焦耳/千克，动物脂的为29.7～35.6焦耳/千克。动物油或动植物油的能值变异与日粮的组成、日粮中油脂含量以及家禽的日龄等因素有关。动植物混合脂肪的氮校正代谢能值比二者数据直接相加值高，其原因可能是饱和脂肪酸和不饱和脂肪酸在吸收上有协同作用。油脂常添加在鸡饲料中，提高能量浓度和能量利用率，可减少灰尘，减少饲料的浪费，可降低饲料混合机和颗粒机的磨损，以利于提高设备的利用，在鸡料中一般添加量为1%～3%，过多无法制粒，现在有启用油脂后喷设备，可添加到5%的量甚至更高。

1. 米糠油（毛）

米糠毛油，是从米糠中提出而出，江苏、东北是米糠主要产地。其米糠毛油代谢能为7.2～7.8焦耳/千克，大约是玉米2.3倍，其中杂质、水分、糠蜡是其能量影响主要因素。米糠油必需脂肪酸含量高达80%以上。其中油酸含量40%～52%，亚油酸含量29%～42%，亚麻酸为0.5%～1.8%。米糠中含有数量较多的解脂酶。新鲜米糠中的脂肪在解脂酶的作用下即能迅速分解，使游离脂肪酸大量增加。刚出机的米糠在25℃下游离脂肪酸可增加1%；新鲜米糠贮藏1个月，游离脂肪酸可从3%增至60%～70%。贮藏期最突出的问题是极易酸败，一般不宜久藏，控制好其中水分含量，不超过0.5%，杂质不超过2%。

2. 牛油

欧美国家牛油是用于鸡饲料的主要油脂源。但是近10年来纯牛油的使用量已趋于减少，大量使用的是混合油。牛油在室温是固体，这会给饲料厂带来一些问题，冬季用更麻烦，需要加热保温措施。由于牛油高度饱和，它不能被幼龄鸡良好地消化。有报道添加胆盐类物质大大改进了牛油的消化率，但是使用胆盐是不经济的，所以在21日龄以内的家禽日粮中必须严格限制纯牛油的使用量不超过1%。

3. 家禽脂肪

按脂肪酸组成来说，家禽脂肪可能是最合适于多数种类和年龄的家禽脂肪来源。由于消化率高、质量稳定和残留的气味少，屠宰场增多，它被大量地用于饲料，有人担心在一体化家禽生产中脂溶性污染物可能会通过家禽而不断循环（浓缩）。解决的办法显然是将循环中断，间隔周期性使用，相当于生产1～2批鸡的时间。

4. 鱼油

目前人们对于在人的食物和动物日粮中使用鱼油颇感兴趣，据认为鱼油中的不寻常成分长链脂肪酸对人的健康有益。研究表明，给肉仔鸡饲喂适量的鱼油可提高肉中的二十碳五烯酸（长链脂肪酸)。但是，日粮中鱼油含量超过1%后肉和蛋中经常会有鱼腥味，这主要是因为Ω-3脂肪酸，同时鱼粉特别容易氧化，在鸡饲料用量控制在1%内。

5. 椰仁油

椰仁油是一种不同寻常的原料，因为它是非常饱和的油脂，比牛油的饱和度还要高。它含有50%饱和脂肪酸，链长小于12∶1。在脂肪酸组成方面，椰仁油和鱼油恰好是两个极端。椰仁油在国内用的较少，主要产于东南亚国家地区。由于其饱和脂肪酸含量，它的消化率不会高，特别是对于幼龄家禽，鸡中应用1%～2%以内。

6. 棕榈油

棕榈油的世界生产量仅次于豆油，棕榈油主要是用棕榈的果肉生产的，少量的棕榈仁油是从棕榈果实内的小坚果核提取的。棕榈油高度饱和，因此对很幼龄家禽的用处有限。在年龄较大的家禽中有一定价值，在鸡饲料中用量1%～3%。

7. 植物性皂角

植物性皂角是植物油提炼业的副产品，是能量和必需脂肪酸的良好来源。皂角的游离脂肪酸含量可能很高，所以最好在加工过程中加入抗氧化剂。因为环保和经济性考虑，炼油厂可能把某些杂质加入皂角，作为无污染排放的一个措施，因此对这些产品进行质量控制是很必要的。在鸡饲料中用量不宜超1%。

8. 动植物混合油

有些厂家把动物和植物油相混合，生产所谓的混合油。植物油的来源一般是皂角。混合油的好处是在动物性的饱和脂肪酸和植物性的不饱和脂肪酸之间发生一定的协同作用。因此，动植物混合油是多数家禽种类的理想饲料原料，使用时最好能问清其组成。

(五) 常用饲料添加剂

添加剂饲料包括营养性添加剂及非营养性添加剂。营养性添加剂以补充一般饲料中含量不足的营养素，使所配合的饲料营养更加完善。非营养性添加剂是一种辅助饲料，添加后可提高饲料的利用率，防止疾病感染，改善畜禽产品的品质，以达到高的生产水平。

1. 营养性添加剂

（1）氨基酸饲料添加剂

人工合成的氨基酸：如蛋氨酸、赖氨酸、苏氨酸、色氨酸、精氨酸、缬氨酸等，在配合饲料中，根据家禽的饲养标准及饲料中的含量，利用人工合成的晶体氨基酸来补足家禽的营养需要量，从而提高饲料蛋白质的数量和质量。一般的使用方法是缺什么补什么，缺多少补多少，但必须注意氨基酸的生物效价。

（2）维生素添加剂

维生素是一类低分子有机化合物，它既不为动物提供能量，也不是构成体组织的成分，但为维持动物正常生理机能及动物生命活动所必需。其主要功能是调节动物体内各种生理机能的正常进行，对动物的健康、生长和繁殖等都起着很重要的作用。

维生素种类很多，通常根据其溶解性分为两大类，即脂溶性维生素和水溶性维生素。脂溶性维生素通常是指那些能溶于脂肪及其他脂溶性溶剂的维生素，包括维生素A（视黄醇）、维生素D（钙化醇）、维生素E（生育酚）和维生素K（抗出血维生素）四种。从结构上看，脂溶性维生素只含有碳、氢、氧三种元素。从来源上看，维生素A、维生素D和维生素E都以维生素源的形式存在于饲料中，维生素K能够由动物体消化道的微生物合成。

水溶性维生素是指能溶于水的维生素，含有B族维生素和维生素C（抗坏血酸）。B族维生素主要包括9种，即维生素B_1（硫胺素）、维生素B_2（核黄素）、维生素B_3（泛酸）、维生素B_4（胆碱）、维生素B_5（烟酸、烟酰胺）、维生素B_6（吡哆醇）、维生素B_{11}（叶酸）、维生素B_{12}（氰钴胺素）、维生素H（生物素）。

（3）矿物质添加剂

矿物质在动物体内广泛存在，并广泛参与体细胞内的代谢过程。它不仅是构成动物体组织器官的原料，也是维持细胞与体液平衡、构成辅基和辅酶不可缺少的物质。当机体完全缺乏生命所必需的某种元素时，可使动物致死；但某种元素的过量又可引起机体内代谢的紊乱，使用时需要关注其平衡性。

在动物体内约有 55 种矿物元素，其中必需的矿物元素有 15 种。对动物生命所必需的矿物元素按其在饲料中的浓度划分为常量元素和微量元素两大类。常量矿物元素包括钙、磷、钠、钾、氯、镁和硫；微量矿物元素包括铁、锌、铜、锰、碘、硒、钴和钼。

①微量元素

常用作饲料添加剂的微量矿物元素包括铁、铜、锰、锌、硒、碘和钴等。一般都以这些元素的无机盐或有机盐类以及氧化物、氯化物形式添加。在配合饲料中最常用的是氧化物和硫酸盐。氧化物吸收率较低，只有镁、锰、锌的氧化物具有较好的利用率。硫酸盐吸收率一般较高。由于氧化物不易吸湿返潮，容易加工处理，以元素计成本较低。在家禽饲料硫酸盐使用较多。

②常量元素

钙源：

(1) 石灰石粉

补充钙的饲料原料很多，石灰石、方解石、大理石、石膏（硫酸钙)、白云石、白垩石、贝壳粉、骨粉等，大都以碳酸钙为主要成分，均可以作为钙补充饲料。白云石因含有大量的氧化镁，影响畜禽体内钙磷的结合、降低畜禽采食量，还会引起畜禽腹泻，所以一般要慎用，大多以石粉（主要指石灰石粉）为主要钙源。石灰石是天然的碳酸钙，一般含纯钙 35%～39%，是补充钙的最便宜、最方便的矿物质原料，要注意铅、汞、砷、氟的含量不超过安全系数，一般要求：砷不大于 2 毫克/千克，铅不大于 10 毫克/千克，氟不大于 2 000 毫克/千克。

(2) 贝壳粉

各种贝类外壳（牡蛎壳、蚌壳、蛤蜊壳等）经加工粉碎而成的粉状或颗粒状产品，一般产品含钙量不可低于 33%，主要成分为碳酸钙。优质的贝壳粉含钙高，杂质少，灰白色，杂菌污染少。关注卫生情况，如果肉质未除尽或水分高，放置过久便腐臭发霉。贝壳粉常掺有砂砾、铁丝、塑料品等异物，使用时应注意检查。

(3) 蛋壳粉

禽蛋加工厂之残渣，包括有蛋壳、蛋膜及孵化厂废弃的蛋壳，经干燥灭菌、粉碎即得蛋壳粉。本品含钙可达34%，与碳酸钙接近，另含有7%的蛋白质及0.09%的磷，为理想的钙源，利用率甚佳，用于鸡饲料中，与贝壳粉同样具有增加蛋壳硬度的效果，所产蛋蛋壳硬度优于碳酸钙（石粉）。

(4) 硫酸钙

俗称石膏，为硫酸的钙盐，应保证钙及硫的最低含量。本品有来源于天然粉碎者，也有化学工业产品，如来自磷酸盐工业副产品则品质较差，所含高量砷、铝、氟未经除去者，不宜用于饲料。本品可提供钙及硫的来源，生物利用率高，同时其有清热泻火功效，可使用于胃火盛所致啄肛、啄羽症。

磷源：

(1) 磷酸氢钙　其为白色或灰白色粉末。含钙不低于21%，磷不低于17%，铅含量不超过50毫克/千克，含氟量不超过含磷量的1%。本品性质稳定，略溶于水，利用率良好。如使用劣品氟含量超标5～10倍，可致氟中毒。

(2) 磷酸二氢钙　纯晶为白色结晶粉末，含钙不低于15%，磷不低于21%，铅不超过50毫克/千克，氟与磷之比不超过1%。磷酸二氢钙的利用率比磷酸氢钙好。

(3) 骨粉　骨粉是以家畜骨骼为原料经蒸汽高压灭菌后再粉碎而成的产品，是禽钙、磷的良好补充饲料，所含磷量达10%，利用率较高。一般为黄褐乃至灰白色的粉末，有肉骨蒸煮过的味道，骨粉的含氟量低，只要杀菌消毒彻底，便可安全使用。但因成分变化大，来源不稳定而且常有异臭影响其利用。

钠、氯源：

(1) 食盐

精制食盐含氯化钠99%以上，粗盐含氯化钠为95%，碘盐含碘为0.007%。纯净的食盐含钠39%，含氯60%，此外，尚有少量的钙、镁、硫。食用盐为白色细粒，工业用盐为粗粒结晶。相对湿度75%以上时食盐开始潮解。

食盐在禽配合饲料中用量一般为0.25%~0.4%。在鸡饲料里至少需要食盐在0.15%以上，食盐不足可引起食欲下降，采食量低，生产成绩差，并导致异食癖。食盐过量时，只要有充足饮水，一般对动物健康无不良影响，但若饮水不足，可能出现食盐中毒。使用含盐量高的鱼粉、酱渣等饲料时应特别注意。

(2) 硫酸钠

白色，稍咸，具有中等潮解性的结晶或结晶性粉末，硫酸钠的生物利用性良好，添加饲料中可补充钠、硫之不足，而不增加氯的含量。一般含钠在32%以上，含硫在22%以上，纯度为99.5%。

(3) 碳酸氢钠

含钠27%，含氯化物在0.04%以下，一般纯度在99%以上，在干燥条件下稳定，在缺钠饲料中，可取代部分食盐量，而不增加氯离子，本品也常作为制酸及助消化剂应用，夏季鸡料中使用，抗热应激。

(4) 镁、钾、硫

通常用作添加剂是其硫酸盐形式。

2. 非营养性添加剂

(1) 饲料用酶制剂

主要可分为两类，消化性酶和非消化性酶。①消化性酶：饲料中常用的消化性酶制剂脂肪酶、糖化酶、蛋白酶等，主要辅助动物消化道酶系作用，降解淀粉和蛋白质成为易被吸收的小分子物质。②非消化性酶：主要包括木聚糖酶、果胶酶、甘露聚糖酶、β-葡聚糖酶、纤维素酶等非淀粉多糖酶和植酸酶。根据产品中所含酶的种类，饲用酶制剂一般分为饲用单一酶制剂和饲用复合酶制剂，最常用饲用酶制剂是几种酶的复合酶。

(2) 抑菌促生长剂

这类添加剂的主要作用是抑制与宿主争夺营养成分的微生物；或者促进消化道的吸收能力，提高机体对饲料养分利用率；这类添加剂的品种很多，有抗生素类，有化学合成的抗菌药，还有垂体激素中的生长激素。一般国家对其使用范围、用量、使用期及停药期均做了严格规定。2020 年 7 月 1 日起，饲料中不允许添加抗生素药物。

(3) 驱虫保健剂

在高密度集约化饲养中，寄生虫病危害很大，因而预防寄生虫病的发生很重要。对于地面平养鸡尤为重要。目前世界各国批准的作为饲料添加剂使用的驱虫剂只有两类；一类是驱虫性抗生素，如越霉素 A；另一类是抗球虫剂，如莫能霉素、盐霉素等。

(4) 抗氧化剂

空气中的氧气是造成饲料中的脂肪、蛋白质、碳水化合物及维生素等变质氧化的诱因。氧化变质的结果是饲料产生异味，不仅影响适口性，降低采食量，甚至引起拒食及疾病。常用的抗氧化剂有乙氧基喹啉等。

(5) 防霉剂

饲料中含有丰富的蛋白质、淀粉、维生素等营养成分，在高温高湿的情况下，容易因微生物的繁殖而产生腐败霉变，霉变的饲料不仅影响适口性，降低采食量，还会影响饲料的营养价值，而且霉菌分泌的毒素会引起畜禽的拒食、呕吐、腹泻、生长停滞以致死亡。常用的防霉剂有短链酸及其一些盐类，丙酸、丙酸钠、丙酸钙及柠檬酸等。

(6) 增色剂

为了提高畜禽产品的美观性及商品价值，有些饲料内需加入着色剂，如鸡饲料中加入黄、红着色剂后，可使皮肤的颜色加深，外观更艳。允许饲料内使用的着色剂有食用色素和类胡萝卜素及叶黄素等。

(7) 调味增香剂

为了增进鸡食欲，或掩盖某种饲料成分中的不良气味，在饲料中加入香料、调味剂，从而达到促进食欲，提高饲料效率的目的，促进机体生长。常用的有花椒、味精、糖精等。

二、日粮配合与配方设计

日粮定义是指平均一昼夜（24 小时）每只鸡所吃的含有各种营养成分的混合（或配合）饲料量。常常根据饲养标准和各种饲料的营养成分，将多种饲料按照科学配方均匀混合为配合饲料，然后再分顿饲喂，这种按照日粮中各种饲料应占比例配成的大量混合饲料又叫饲粮。

对养鸡生产者来说，单用某种原料不能满足动物的营养需要。只有通过各种饲料原料的科学搭配，才能得到营养物质数量充足、营养平衡、适口性好、经济效益高的配合饲料。设计家禽配合饲料的配方时，必须明了家禽的营养原理，查找相关家禽的营养需要标准；考虑各饲料原料的特点，确定各种饲料的营养价值；同时还要考虑饲料资源的状况、渠道、价格及其稳定生产的可能性。家禽饲料配方设计的目的：合理地选用价值原料，科学地生产出优质的配合饲料，以便进行养殖生产，获取最大的经济效益。

（一）雪山鸡的饲养标准

饲养标准是指根据鸡的营养需要，结合生产经验，科学地规定在不同阶段、不同生理状态和不同生产水平条件下，每只鸡每天应该给予的能量、蛋白质、氨基酸、维生素和矿物质等各种营养素的数量。

根据公司培育的品种特点和多年养殖试验，结合生产性能及环境条件的变化等，制定了其品种的饲养标准。

表 3-8　雪山鸡商品肉鸡营养标准

单位：天

日龄	0～21 天	22～42 天	43～63 天	64～84 天	85 天～出栏
代谢能（MJ/kg）	11.97	12.14	12.26	12.48	12.64
粗蛋白（%）	21.0	19.5	18.0	17.0	15.5
赖氨酸（%）	1.05	0.95	0.85	0.75	0.7
蛋氨酸（%）	0.40	0.37	0.34	0.32	0.3
蛋氨酸+胱氨酸（%）	0.8	0.65	0.6	0.58	0.56

（续）

日龄	0～21 天	22～42 天	43～63 天	64～84 天	85 天～出栏
苏氨酸（%）	0.70	0.64	0.57	0.50	0.47
精氨酸（%）	1.13	1.03	0.92	0.81	0.76
缬氨酸（%）	0.84	0.76	0.68	0.60	0.56
色氨酸（%）	0.18	0.16	0.14	0.13	0.12
钙（%）	1.08	1.03	0.98	0.93	0.9
有效磷（%）	0.48	0.46	0.44	0.42	0.4
钠（%）	0.2	0.2	0.2	0.19	0.18
氯（%）	0.17	0.17	0.17	0.17	0.17
钾（%）	0.4	0.4	0.4	0.4	0.6
胆碱（毫克/千克）	1 000	1 000	1 000	1 000	1 000
铁（毫克/千克）	60	60	60	60	60
锰（毫克/千克）	70	70	70	70	70
锌（毫克/千克）	60	60	60	60	60
铜（毫克/千克）	8.0	8.0	8.0	8.0	8.0
碘（毫克/千克）	1.25	1.25	1.25	1.25	1.25
硒（毫克/千克）	0.3	0.3	0.3	0.3	0.3
维生素 A（IU/kg）	7 500	7 500	7 500	7 500	7 500
维生素 D_3（IU/kg）	3 000	3 000	3 000	3 000	3 000
维生素 E（ IU/kg）	50	50	50	50	50
维生素 B_{12}（μg/ton）	40	40	40	40	40
核黄素（毫克/千克）	7.0	7.0	7.0	7.0	7.0
烟酸（毫克/千克）	60	60	60	60	60
泛酸（毫克/千克）	16	16	16	16	16
维生素 K（毫克/千克）	4.0	3.5	3.5	3.5	3.5
叶酸（毫克/千克）	2.0	2.0	2.0	2.0	2.0
吡哆醇（毫克/千克）	4.4	4.4	4.4	4.4	4.4
硫胺素（毫克/千克）	4.0	4.0	4.0	4.0	4.0
生物素	250	250	250	250	250

（二）饲料配制需掌握的基本原则

在配制家禽饲料时，必须遵循以下四个原则：①必须以家禽的营养需要标准为基础，结合在实践中的生产反应，对标准进行微调；②除考虑饲料营养物质的数量外，还必须考虑所用饲料原料的适口性以及加工过程的难易性；③饲料原料的选择必须考虑经济核算的原则，即尽量因地制宜，选择高价值饲料原料；④根据系统工程的观点，养殖是以效益为中心，“最大收益”型饲料配方才是最优配方，是以最佳投入产出比为依据。

（三）饲料配方设计的方法

1. 手工设计法

手工设计常用的方法有试差法、方块法和代数法。生产中最常用的手工设计方法是试差法，此法容易掌握，一般生产单位都可以用来设计饲料配方，大致可分为 5 个步骤：①确定家禽的饲养标准。根据所饲养家禽的品种和所处生产阶段选用饲养标准，确定拟配制的饲料应该给予的能量等各种营养物质的种类和数量。②原料选择，根据当地饲料资源状况，以及自己的经验初步拟定出饲料原料的种类及试配比例。③从“饲料营养成分和营养价值表”查出所选用原料的营养成分含量，附表（中国饲料成分及营养价值表 3－1）。④按试配比例计算出所选定的各种原料中各项营养成分的含量，并逐项相加，算出成品中各项营养成分的含量，然后与①中所确定的饲养标准相比较，并逐步调整到与其基本相符的水平。⑤根据饲养标准、预防动物疾病和促生长的需要使用适量的添加剂，如氨基酸、维生素、矿物质和抗生素等。

2. 软件设计法

在计算机技术非常成熟的今天，各种配方软件也是层出不穷。目前在配方制作中广泛采用线性规划法，利用配方软件可完成饲料配方中对单一目标（最低成本）多营养需要指标的大量计算任务，称为饲料配方的计算机设计法。其原理是根据家禽对营养物质的最适需要量和饲料原料的营养成分及价格作为已知条件，把满足家禽营养需要量及每种原料期望用量作为约束条件，再把饲料成本最低作为配方设计的目标，使用计算机进行运算。用软件做出的配方应与家禽营养的基础知识和实践经验结合起来，这是因为所显示的配方可满足对饲料最低成本的要求，但并不一定是最优配方。是否最优还要根据生产者的实践经验来进行多次调整。并且最低的饲料配方成本并不一定能取得家禽养殖的最佳效益，只是畜体有最佳生长表现，不一定是产业链最低成本。

3. 国内外常用配方软件

资源配方师、精算师、美国 Brill 和英国 Format 等饲料配方软件。

第四章

雪山鸡健康养殖技术

优质鸡健康养殖是指根据优质鸡的生活习性、生理特点的要求，为优质鸡提供适宜的生活、生长环境条件和营养供应。包括丰富的营养物质、优质的饲料、清洁的饮水、舒适的环境、新鲜的空气、充足的生活空间、安全的环境卫生、适当的疾病防治措施。从而保证优质鸡在生长、生产过程中维持健康的体态，并为人类提供安全、优质、无公害的产品。本章主要介绍雪山鸡种鸡和商品鸡的饲养管理要点以及环境控制技术。

第一节　雪山鸡种鸡高效养殖技术

一、育雏期的饲养管理（1～6 周龄）

（一）育雏鸡的特点

体温调节机能不完善：初生雏鸡体温较成年鸡低 2～3℃，10 日龄达正常体温（41.5℃），到 3 周龄体温调节机能趋于完善，6～7 周龄才能完全适应外界环境。

生长迅速、代谢旺盛：雏鸡前期生长特别快，心跳快，每分钟可达 250～350 次，代谢旺盛。

羽毛生长快：3 周龄时羽毛总重为体重的 4%，其后大体保持不变。

消化能力弱：消化系统不健全，胃容积小，肌胃研磨能力低，消化能力差。

敏感性强：幼雏对饲料中各种营养物质缺乏或有毒物过量比较敏感，易反映出病理状态。

抗病力差：对外界环境适应能力差，再加上其特殊的生理结构，抗病力较低。

群居性强、胆小：具有较强的群居性，对各种异常声音和噪音敏感，自卫能力差。

（二）育雏准备

1. 育雏舍的清洗与消毒

育雏舍的清洗：彻底清洗育雏舍，包括舍内一切用具，要求无鸡毛、无鸡粪、无饲料和灰尘残留，场区管理人员初次进行眼观、手感的检查。检测合格后进行消毒。

全面消毒：对鸡舍内部采取3次消毒，同时对鸡舍两侧的杂草、水沟清理干净并彻底消毒。待地面、物资、笼具干燥后，按照“空鸡舍消毒标准”操作，进行采样检测，直到全部合格。

2. 育雏舍准备

进苗前两天，打开消毒好的鸡舍，排尽鸡舍内刺激性气味。

再次清洗用具，并将用具组装好，并按要求放置。

检查鸡舍内用电设施和保温设备，安装好灯泡，确保用电安全和设备运转正常，并保证鸡舍密闭良好，防止贼风侵入。

鸡舍预温：夏季提前0.5～1天时间预温，冬季提前2天预温，使进苗前育雏区内温度达到35℃。

预温期间，进苗前3小时将饮水器装1/3水量，放入保温区，一同预温。

做好饲料、药品、用具、垫网等的准备工作。

（三）育雏期管理要点

1. 开饮

进苗后，均匀分栏，先开饮，有利于促进肠道蠕动，吸收残留卵黄，排除胎粪，增进食欲，补充体液。

开饮水：长途运输加入8%葡萄糖或红糖水，短途运输直接用清水，后换为添加多维或电解质的饮水。刚开始有的鸡不会喝水，要教会3%左右的鸡只饮水。

要求：开饮时间应不晚于出雏后48小时，最好在24小时左右；开饮水为温开水20～25℃。

2. 开食

开饮后2～3小时即可开食，将饲料均匀加到料桶中，让其自由采食。

开食要求：料位满足50只鸡/个料桶，料桶中饲料加到露出料筒底部。

3. 适宜的育雏温度、湿度

育雏前3天保温区温度到达33～34℃，以后开始下降，每周降低2～3℃，直到常温为止。育雏舍前3天最低温度点不得低于33℃。注意上下层温度均匀，鸡舍前中后、中间走道和两边走道温差不大于1.5℃，昼夜温差不大于3℃。

温度适宜判断依据：

高温：雏鸡远离热源，翅和嘴张开，呼吸次数增加，高声鸣叫，鸡群很不安静；

低温：雏鸡聚集一堆，相互挤压在一起，靠近热源，发出微弱叫声；

适宜：雏鸡活泼好动，吃食饮水正常，均匀分布于笼内，晚上雏鸡安静伸脖休息。

舍内湿度以70%最佳，育雏期相对湿度低于50%，应采用加湿措施，如喷雾线喷雾、地面洒水。

4. 合理的密度

饲养密度直接影响雏鸡的生长发育，特别是雏鸡的整齐度，密度过大，鸡的活动范围小，鸡群挤压，采食不均匀，使雏鸡发育不整齐，出现大小不一；密度过小，造成鸡舍和设备的浪费，不保温，经济效益低。

育雏笼养，一组笼分为8个大笼，刚进雏鸡每笼可饲养100～120只。随着日龄的增大，根据鸡只生长规律，逐渐减少饲养只数，调整时应将弱小的雏鸡单独饲养，使其能逐渐生长为大群水平。

5. 适宜的饲喂方式

（1）加料

育雏期1～3周采用自由采食。加料以少量多次为原则，保证饲料新鲜，减少饲料浪费。第一周龄每天喂料4次，白天3次，晚上1次；2～3周龄每天喂料3次；3周至转群白天喂料2次，当第一次喂的料采食时间在3小时之内吃完的，第二次喂料时间不要放到下午，在料快要吃完时添加。1～7天使用料桶，8～10天过渡料槽，刚过渡料槽的前3天，每架鸡笼料槽分4～5段加料，防止鸡小吃不到料，注意料量控制，保证当天吃完。

（2）换水

每天观察饮水器是否卫生，雏鸡饮水是否充足。前2周，每4天进行一次洗水箱，冲洗水线；3周后每周洗一次水箱，冲洗1次水线。3周后每周添加一次酸化剂给鸡群饮用。

6. 通风

通风的目的是保证舍内的空气新鲜，降低舍内有害气体和灰尘浓度．育雏前期有时也用于调节舍内过高的温度。育雏前2周以保温为主，第3周兼顾保温和通风，第4周以通风为主。利用环控器、小窗，根据鸡舍小环境自动调整通风大小和方式。

7. 光照制度

光照程序：为方便鸡群采食，并保证鸡群有足够的采食时间，第1周24小时光照，第2～3周开始每天减少1小时，第4周自然光照。光照强度：光照强度愈亮愈好，育雏区域的光照强度应在40～60勒克斯。随着雏鸡日龄的增长，光照强度及时间应开始递减到自然光照5～10勒克斯。

若体重达不到每周标准，可以适当延长光照时间增加采食时间；若周末体重超过标准可以适当减少光照时间，技术人员应根据周末体重灵活掌握。

8. 育雏质量判断依据

育雏末体重达到或超过目标体重。6～7周龄体重均匀度达到

70%以上。鸡群体型均匀一致，不能出现明显分级现象，体型达到要求。

9. 育雏24小时嗉囊饱满度检查

苗鸡开食后24小时抽查一栏苗鸡采食饮水情况。对抽查鸡群，分为3个状态，饱满、半饱、空，计算出苗鸡嗉囊饱满度，正常空的比例应低于8%。

10. 环境卫生及免疫

每隔1～3天清一次鸡粪，搞好鸡舍内环境卫生。每天带鸡消毒（避开活苗免疫期间）

严格按照免疫程序进行免疫，免疫前后添加维生素，提高当天鸡舍温度1～2℃，减少应激。

表4-1　雪山鸡种鸡免疫程序

日龄	疫苗名称	使用剂量	免疫方法
1	液氮MD+威力克	各1头份	颈部皮下注射
	MA5	1头份	气雾
8	REO1133	1头份	颈部皮下注射
10	威支灵	1.5头份	滴鼻、点眼
	ND+IB+H9-K	各0.25ml	颈部皮下注射
	H5+H7-K		
16	POX	1头份	翼膜刺种
26	TS-11	1头份	点眼
	MG油苗	0.5 ml	颈部皮下注射
35	IC-K	0.5ml	腿肌注射（左）
	传喉	0.8头份	点眼1滴
45	ND+IB+H9-K	0.5ml	胸肌注射（左）
	H5+H7-K	0.5ml	胸肌注射（右）
	新支灵	1.5头份	滴鼻、点眼
55	REO1133	1头份	腿肌注射（左）
90	传喉	0.8头份	点眼1滴

（续）

日龄	疫苗名称	使用剂量	免疫方法
	POX二价活疫苗	1头份	翼膜刺种
105	IC－K	0.5ml	腿肌注射（右）
	ND＋EDS－K	0.5ml	胸肌注射（右）
110	新支灵	1.5头份	滴鼻、点眼
110	H9－K	0.5ml	翅根注射（左）
	H5＋H7－K	0.5ml	翅根注射（右）
120	REO－K	0.5ml	胸肌注射（左）
135	ND －K	0.5ml	翅根注射（左）
	威支灵	1.5头份	气雾
140	MG油苗	0.5 ml	胸肌注射（左）
	H5＋H7－K	0.5ml	翅根注射（右）
	H9－K	0.5ml	颈部皮下注射
245～252	H5＋H7－K	0.5ml	颈皮下注射
266～273	ND＋IB＋H9－K	0.5ml	颈皮下注射

二、育成期的饲养管理（7～16周龄）

（一）育成前中期鸡群特点

鸡群骨骼和肌肉迅速发育，骨架在此阶段基本发育完成，对光照变化逐步敏感，开始缓慢地发育。机体各组织器官发育进一步完善，体温调节功能已经发育成熟，可很好地适应环境变化，消化功能成熟，消化能力较强。对疾病和环境的抵抗能力进一步增强，能够适应较严格的限饲方案。

（二）育成舍的准备

1. 鸡舍准备及环境消毒

对育成舍室内高压冲洗、周围进行全面的除草消毒。要求和育雏一样。

2. 转群的注意事项

转群防应激：转群前 2 天，育雏料中加入电解质或维生素，同时停止控料、免疫等强应激的活动。

转群：转群时冬天选晴天中午的时间，夏天选在早晚凉爽的时间。转群时注意把体重大小一致的分在一起便于管理。转群时防止人为伤鸡和交叉感染。

转群初期饲养管理：小鸡转群后，由于环境的变化，需要适应，要防止炸群。注意观察鸡能否都喝得上水，一周后鸡熟悉以后，才能按育成鸡的管理技术进行正常操作。

（三）育成母鸡的管理要点

1. 恰当转料

鸡群转料以体重发育为依据，体重达到目标体重的中大鸡群可以马上转料，不能跟上目标体重的小鸡可推迟 1～2 周转后备料。缓解转料应激：过渡期时间 5～7 天，两种饲料按一定比例混合均匀，在饲料中加拌双倍量的维生素，缓解应激，顺利转料。

2. 准确喂料

每天定时喂料，喂料时间不能明显变动。每次喂料要迅速，在最短的时间内让所有的鸡都能吃到饲料。每条料槽料量准确投喂，采用称料喂解决喂料准确的问题。每次喂完料后要及时匀料一次，使料量分布均匀。每天匀料 3～4 次。

3. 合理分群

分群时间：育成期间一般进行 2 次分群，第一次分群时间在6～7周，第二次分群时间在 11～12 周。分群要避开免疫期、非健康期，分群前添加维生素，减少应激。分群操作：根据鸡群平均体重，把特小鸡和特大鸡单独挑出。

4. 分群后的限饲鸡料量控制

小鸡限饲方案：育成前期 7～14 周可以给其一个补偿生长过程，但是到 15～16 周龄以后料量不能再比其他的鸡群多，此时还不能追上全群鸡水平，给予较多料量已经没有意义，只能造成体型偏肥。

大鸡的限饲方案：育成前中期大鸡一般采用比较严格的限饲方案，但鸡群在 16～18 周龄接近预产期后，则不应再采用最严格的限制方案，此时应该提高大鸡料量，至少达到或超过中鸡料量，满足大鸡的生长需要，保证这部分鸡的充分发育，即鸡群在 16～18 周要过渡到大＞中＞小鸡的料量，一般每个等级在 1～3 克之间，此料量可以维持到产蛋期结束。

5. 合理饮水

停料日：上午和下午各供水 2 小时，时间固定。

每日限饲方式：早上喂料，饲前 2 小时开水，吃完料后 2 小时断水，下午关灯前供水 2 小时给予清洁、充足的饮水。每周定期添加酸化剂饮水。

6. 温度、通风

育雏转育成舍，刚刚转群，舍温可稍高，在 22℃以上。冬天不足时，需提升鸡舍温度。随后逐步降低温度，保持在 18℃～23℃。利用环控器根据不同天气，及时调整鸡舍温度和通风，使鸡舍内温度保持稳定，不能忽高忽低。

7. 合理光照

光照时间：育成期光照时间不能延长，建议实施 8 小时恒定光照程序；

光照强度：5～10 勒克斯。关灯时的光照强度应小于 0.4 勒克斯。

8. 定期监测体重

每周称取 5%的鸡称重，对照标准检查是否合适，以决定调整下周的料量，并检查鸡群体重的均匀度。

9. 环境卫生及日常管理

喂料均匀：经常检查，发现有的料桶积料较多，有的已无剩料，要把料匀开，防止有些鸡吃得过多，有些鸡采食不足，要使鸡群发育整齐。保证鸡群的整齐度：经常注意把较小较弱的鸡挑出单独护理，适当多喂一些饲料，以便使它们赶上强壮的鸡。合理调整鸡群密度，提高鸡群采食空间。每天带鸡消毒，避开活苗期间。严格按照免疫程序进行免疫。

三、预产期的饲养管理

1. 转群时间

17～18 周。

2. 应激训练

转群后一周内安排饲养员拉蛋车，大扫把等工具在鸡舍内经常走动使鸡群快速适应新环境。

3. 性成熟的调整

转群时根据育成场的分群将大、中、小鸡放好，后对鸡群进行第一次挑选，将体重较轻，冠髯较小且颜色不够红润的母鸡从鸡群中挑出，集中放在上层笼饲养，对挑出的发育相对缓慢的鸡只进行拌料，增加日粮中蛋白质水平，使其快速生长发育。第二次挑选在开产前 2 周按耻骨大小进行，将鸡冠大、红润，耻骨大的放在鸡笼中间或下面光线弱的地方，鸡冠小、耻骨小的放在两边或上层光线强的地方，对趾骨小、鸡冠小的鸡群进行拌料。

4. 选种

淘汰毛色、体重、体型、发育情况等不符合品种特征的鸡。

5. 光照控制

种鸡在预产期期间根据季节采取不同的增光计划。顺季开产的鸡群加光在标准开产周龄前 1 周进行，初次加光时间 13.5～14 小时。逆季开产的鸡群加光在标准开产周龄前 2～3 周进行，初次加光时间 12～13 小时。加光的前提是实际体重达到标准体重，以后每周增加 30 分钟，逆季加光速度较顺季快。

6. 体重、料量控制

3％～5％的产蛋率时由预产期过渡到产蛋期，夏季在见蛋时就要过渡，换料与加光配合进行。根据该群鸡的实际体重、料量情况做好鸡群开产计划（体重、料量的增幅计划和产蛋率预计增长）。

7. 疾病预防

严格按照免疫程序进行免疫，定期添加维生素，提高鸡群的抗应激能力和抗病力。

四、产蛋期的饲养管理

（一）产蛋鸡的生理特点

1. 开产后，“鸡体”仍在发育

刚刚进入产蛋期的母鸡，虽然已到达性成熟阶段，开始产蛋，但机体还未发育完全（即还未到达体成熟），体重仍在继续的增加，鸡大约在40周龄时，机体的生长发育才会停止，这时，鸡的增重较少，40周龄以后，由于脂肪的蓄积，体重会继续增加。

2. 对环境的变化非常敏感

处于产蛋期间的母鸡，对饲料、饲喂设备、鸡舍的温度、通风、光照等的改变及饲养人员的改变都非常的敏感，会对鸡群造成应激，影响产蛋。

3. 不同周龄的产蛋鸡对营养物质的利用率不同

母鸡刚到达性成熟时，成熟的卵巢会释放雌激素，使母鸡的储存钙的能力增强。随着产蛋高峰期的到达，母鸡对营养物质的消化吸收能力也会变强，采食量增加，到了产蛋后期，其消化吸收的能力会减弱，但此时脂肪的沉积能力会增强。

（二）产蛋高峰管理

1. 产前计划

根据鸡群发育情况，在开产前做好鸡群产蛋期的管理计划，明确不同周龄的体重增长目标、蛋重增长目标、料量控制目标、光照管理目标、保健计划等。

2. 加光管理

鸡群开产后逐步延长光照时间，由开产时的13.5～14小时，每周增加光照 30 分钟，逐步加光到 16 小时左右，并稳定下来，产蛋期间光照制度必须稳定，严禁出现波动。光照强度：20～40 勒克斯，每周检查一次定时器工作是否正常。

3. 前期料量控制

原则：饲料量的增加应先于产蛋的增加。加料幅度与每天产蛋率上升的幅度成正比，周增重应平稳上升，每周蛋重呈逐步上升，送孵率也不断上升。以开产料量为基础，每周加料两次，每次加料 3～4 克，每周累计加料 6～8 克，当产蛋率达到预计高峰前 7～10 天时加到最高峰料量。

加料参考的因素：季节、产蛋率、周增重、蛋重、采食情况等。

4. 合理体重增加

鸡群开产后，体重仍然保持较快增长，鸡体进一步发育成熟，周增重逐步降低，整个产蛋期体重呈缓慢上升趋势。每周必须抽查体重，做好体重监控，保证适宜的体重增长，达到相应的目标体重。

5. 蛋重监控

从 5%产蛋率开始每周抽称蛋重，从送种蛋开始称重的鸡蛋为挑选合格的种蛋，每周蛋重呈缓慢上升趋势。

6. 产蛋前期保健

注意垂直传播的控制，鸡舍内外环境卫生、消毒做好。

（三）产蛋中后期管理

1. 料量管理

鸡群在达到高峰产蛋率时，高峰料一般维持 3 到 4 周开始减料。

2. 减料依据

主要依据产蛋率的升降、蛋重、周增重、吃料时间的长短。

产蛋率的升降：以每周降 1%的产蛋率开始，适当减料。

蛋重：始终呈增长状态，由高峰期的每周 0.5～1 克的增加渐渐降为 0.1～0.5 克之间的变化。

周增重：正常鸡群过了高峰期之后，周增重在 5～10 g 之间（偶尔也会出现维持或负增重，但不能出现连续两周体重下降的情况）。

吃料时间的长短：鸡群过了高峰之后，吃料时间会变得缓慢，减料的结果要求，基本在同一时间，吃完当天的饲料；

入孵率：前期持续升高，中后期基本维持，后期略为下降。

3. 光照管理

光照时间：产蛋期不能减少光照时间；

光照程序：光照程序要稳定，不能随意更改。

光照强度：光照强度不足时，及时搽拭灯泡或更换灯泡。

4. 环境卫生及日常管理

产蛋期保证清洁充足的饮水，每周酸化剂饮水，禁止有断水现象。

每天捡蛋 4 次以上，减少蛋的破损和污染。

尽可能维持鸡舍环境的稳定，减少各种应激因素的干扰。

每天带鸡消毒，观察鸡群，及时挑出非健康鸡只。

根据鸡群情况，必要是进行多维素的添加，减少应激。

产蛋中后期可以添加 3%的小砂砾，促进鸡采食。

五、种公鸡的饲养管理

（一）育雏期管理要点

适宜的进苗数，公鸡进苗数为母鸡进苗数的 12%～15%。

进入育雏舍，公母要分开饲养。

公鸡放在鸡舍中间饲养。

（二）育成期间管理要点

温度：鸡舍温度不低于 13℃。

在 5～6 周转入育成舍，及时换料，并进行营养和肠道保健。

6～7 周进行分群，淘汰偏小及特大个体，同时淘汰鸡冠差，毛色不符合品种要求的鸡只，准备转入公鸡舍。

（三）转入公鸡舍后的管理要点

体重控制：体重达标的个体才能留作种用，要求每周抽测体重一次，每次抽测比例在 10%以上。

限饲方式：公鸡在育成期根据情况可采用六一，五二限饲，建议 15 周后过渡到每日限饲。

做好环境卫生和消毒工作，公鸡舍 3～5 天出一次鸡粪，每天带鸡消毒一次。

保健：每月进行 2 次保健用药，多采用中草药＋多维用来预防呼吸道和肠道疾病。

光照：16 周前有效光照时间不低于 12 小时，16～20 周有效光照时间 13 小时，21 周为 14 小时，22 周 15 小时，种母鸡加光后，种公鸡再转入产蛋舍。

（四）预产期公鸡管理要点

密度：单只单笼饲养。

转群周龄：母鸡加光后再转进产蛋舍饲养。

喂料：定期添加维生素与硒拌料，促进性器官发育。匀料次数与母鸡一样。

采精训练：输精前 7～10 天进行，采精训练淘汰性反射差的鸡只。每隔 2～3 天采精训练一次，第一次采精动作一定要适中，且将精液采干净。

训精期间修剪尾羽，对种公鸡泄殖腔旁 1～1.5 厘米处的羽毛修剪。

精液检测：产蛋率 1%～2%进行精液检测，死精、弱精、采精时性反射差、排精量少或不排精的公鸡直接淘汰。

（五）产蛋期公鸡管理要点

公鸡的利用强度以隔日采精模式为宜。

产蛋期 2 个月检测 1 次公鸡精液，结合平常采精眼观挑出精神不好或差的公鸡。

每 2～3 个月剪公鸡毛 1 次，只需拔掉公鸡肛门周围 2 厘米范围内的绒毛即可，不能有出血现象，保持肛门周围干净整洁。

每 10～15 天使用复合维生素和鱼肝粉拌料 1 次；精液量较少时，每周补充一次多维素或胡萝卜。

公鸡一般分两餐喂料，上午要求吃料到 11 点钟空槽，下午一般做完受精后喂料，注意固定喂料时间。

每天早上喂料前，清扫一次公鸡料槽，每月擦洗两次公鸡料槽，保持料槽内卫生，无霉变、积块饲料。

调整公鸡笼水线位置到合理高度，保证每只公鸡有充足的饮水。

每半月观察一次公鸡状态，发现精神状态较差的个体，挑出、停止采精，调理一段时间好转后再使用，不好转就淘汰。

产蛋期公鸡均匀度要求保持在80%以上。

(六) 人工授精技术及注意事项

1. 用具准备

采精杯、集精杯、输精枪、输精枪头、枪头盒、漏盆（洗枪头用的）、布袋（枪头甩水用的）、医用脱脂棉。

2. 采精操作

背腹式按摩法，一人保定公鸡采精，另一人收集精液。

保定采精人员右手将公鸡双腿握住置于腿上固定，头朝后，尾朝前。左手拇指和其他四指自然分开，以掌面贴在公鸡背部，自背鞍部向尾部方向轻快地紧贴背部滑动按摩2～3次。

按摩后公鸡出现性反射，尾羽上翘，泄殖腔外翻，露出乳状突时，迅速将手翻到尾部下面，并尽快将拇指和食指横跨在泄殖腔两侧，从乳状突后面捏住外翻的乳状突，一松一紧地施加适当压力，当公鸡射出乳白色如牛奶样精液时，接精人员用采精杯刮接精液。如此反复地按摩采精2～3次，直至公鸡排完精液为止。

采完精后要用手盖住集精杯。

3. 采精注意事项

采精员食指和中指夹一小团药棉，采精时发现有尿酸盐流出时，立即用药棉擦去，防止污染精液。

在采精过程中，采精人员抓公鸡的动作要轻快，从鸡笼抓出公鸡要立即操作采精。

采精杯接精后，将血、尿、鸡粪、皮屑、气泡等杂物清除，弃去不合格精液，每采完一只公鸡将采精杯中合格精液吸出，集中于集精杯中。

采精人员要固定。

挤压生殖器不可太猛。

每次采精要采干净。

建立公鸡采精制度：隔日采精 1 次为宜。

公鸡采精前停喂 3～4 小时。

4. 翻肛输精操作

翻肛人员用右手握住母鸡双腿，稍提起，将母鸡胸部靠在笼门口处，左手在腹部施以压力（右侧为直肠开口，如着力相反，便引起母鸡排粪），施压时尾指、无名指向下压，中指斜压、食指与拇指向下向内轻压即翻出阴道口。要以阴道口刚突出泄殖腔时为好，输精员输入精液。前先定好精液刻度，吸取精液时，排空空气。

输精深度：控制在 2～3 厘米，插入阴道口的深度正好盖住精液看不见为宜。新开产、高峰期鸡群，采取浅输精法 1～2 厘米。后期鸡群采用略深的输精方法 2～3 厘米。

输精量：每次输入原精液 0.025～0.03 毫升，50 周后适量增多。

授精频率：6 天一个轮回，首次授精做完两轮后再捡种蛋。

输精时间：夏天一般在 2：30～3：00 以后，冬天在 2：00 以后输精效果更好，一杯精液控制在 20～25 分钟（采第一只公鸡到输完最后一只母鸡为止）。

翻肛员与输精员紧密配合，输精枪头对准阴道开口中央垂直插入，当输精枪插入时，翻肛人员解除对鸡腹部的压力，注完精液后立即抽回输精枪，翻肛人员轻轻将鸡放回便可。

输精人员应站在翻肛人员的右边完成输精。

每输完一杯精液要洗手消毒。

5. 翻肛输精注意事项

翻肛用力不能太猛。一次没输进的一定要重输，输两次以上还未输进或碰到输卵管有蛋的可以做上记号，最后再补输。操作时检查枪头是否通畅，输精枪切勿平置或倒置。一只鸡一个枪头、枪头过尖有毛刺的不能使用。输完精后产蛋的鸡要补输，补输时间在所有鸡输完后再进行。天气炎热或鸡龄老化都易导致精子活力降低，应增加输精量或减少一杯精输精时间。停产母鸡进行淘汰。采精、输精设备要烘干后使用。

6. 输精器械的卫生消毒操作流程

在输精作业前准备放好清水的容器。在输精枪头使用到1/3时将使用过的枪头倒入盛有清水的容器中浸泡。在输精工作结束后将所有的输精器械用清水洗干净，再放入洗衣机脱水5～10分钟。将干净的输精用具倒入盛有酒精的用具里，浸泡消毒20分钟。将消毒好的枪头、集精杯和采精杯装入护洗袋，放入脱水机桶内。将洗衣机设为脱水状态，开启，进行脱水5～10分钟即可。将清水洗干净的输精用具装入护洗袋，送至脱水机内进行脱水（具体操作要求如第六步）；将脱水后的用具倒入烘干筛内，放入烘箱机内放置好。将烘箱设定：温度：80～100℃；烘干时间：60分钟。操作人员把处理好的输精用具，装入枪头盒子里待用。注意枪头盒的卫生及装枪头过程中的手和环境的卫生。

第二节　雪山鸡商品鸡健康养殖技术

一、养殖场选址

鸡场选址应交通便利，与主要交通干线有一定的距离（最好在1 000米以上）为好，以满足运输，又利于防疫。地势高燥，排水良好且向阳背风的地方，水源水质符合要求。有电力供应到场，特别夏天高温季节需要依赖电力供应机械降温。

二、鸡舍建造

鸡舍建成以坐北朝南，东西方向为好。鸡舍建造可以就地取材建成砖瓦结构、毛竹结构、大棚结构。鸡舍内地面要比舍外高出10厘米以上。利用半放牧形式放养雪山鸡，在鸡舍周围留运动场地，供鸡自由活动与采食，要求鸡舍与鸡舍间的运动场15米。养殖场四周用篱笆或网围起来。

三、养殖设备

在进鸡之前，配足配齐相关养殖设备，主要包括开食盆、料线、水线等饲喂设备，照明系统、供电系统、加温系统，温度计、兽医器械，消毒设备等。具体参照表4-2、表4-3执行。

表4-2　料桶+普拉松饮水器配置（按8 000羽鸡只计算）

物品名称	规格	数量
开食盘	100羽/个	80
小水壶	100羽/个	80
小料桶	120羽/个	70
大料桶	55～60羽/个	140
普拉松饮水器	套（夏天增加三通）	90
大胶桶	100千克/个	2
栏板	0.4～0.6米高	24块
无纺布	2米宽	棚长×2
低帮胶鞋	双	5
灯泡/LED灯泡	60瓦/5W	30
节能灯泡/LED灯泡	11瓦/3W	35
喷雾器	8～16升/个	1
灭火器	个	1
温度计	支	4
湿度计	支	2
连续性注射器	把	3
刺种针	把	3
断喙器	台	2～3
木夹	个	600
滴瓶	30毫升/个	6
垫料砻糠（谷壳）	包	夏秋不少于15包/千只
垫料砻糠（谷壳）	包	冬春不少于30包/千只
发电机	台	1

表 4-3　自动料线+水线配置（按 1 200 平方米鸡舍按 11 只/平方计算饲养：13 200 只）

物品名称	规格	数量
开食盘	100 只/1	130 个
小水壶	100 只/个	130 个
自动料盘	个	100 * 2=200 个
乳头数	个（夏天至少再增加一排普拉松饮水器）	95 * 3 * 5=1 425 个
大胶桶	100 千克/个	2
栏板	0.4～0.6 米高	4 间/栏
无纺布	2 米宽	棚长×2
低帮胶鞋	双	5
灯泡/LED 灯泡	60 瓦/5W	90
喷雾器	8～16 升/个	1
灭火器	个	1
温度计	支	4
湿度计	支	2
连续性注射器	把	4
刺种针	把	3
断喙器	台	2～3
木夹	个	600
滴瓶	30 毫升/个	6
垫料垄糠（谷壳）	包	夏秋不少于 15 包/千只
垫料垄糠（谷壳）	包	冬春不少于 30 包/千只
发电机	台	1

购买发电机功率要求：

①大于等于鸡舍所有用电设备电功率总和 * 1.25；

②无刷电机；

使用发电机组的，在散热片上方安装喷淋装置，在高温季节加快发电机的散热。

四、雪山鸡饲养管理

（一）空舍期消毒

上批鸡出栏后，应尽快清理干净鸡舍，带配置的新鲜消毒液进行冲洗消毒，本着由后到前，由中间往两边，由上至下的原则，按此程序消毒清洗 2 遍，要求做到无粉尘、无死角；鸡舍周边道路及鸡舍内地面使用 3%～5%烧碱和 30%生石灰块制成的石灰乳进行泼洒。

所有鸡舍内器具，包括：料盘、料桶、水壶、农膜等用高压冲洗机清洗干净；若为料线的，需要将料盘全部拆卸消毒。水塔桶、主水管线内用高浓度氯制剂浸泡 24 小时后，用清水冲刷干净；出栏后，将鸡舍内水线放净剩水，装入配置的高浓度氯制剂或酸化剂，24 小时后排出用清水冲洗干净后，再注入新鲜配制的消毒溶液待到进雏前。

进苗前：用 2‰的过氧乙酸或 5‰的 10%癸甲溴铵对鸡舍内、外进行喷雾消毒，并搭建好育雏舍，铺入砻糠，进苗需要使用的物资全部放入育雏舍内，并尽最大限度地密封鸡舍，用 0.5 克/米^{3}的三氯异氰脲酸烟熏剂进行烟雾消毒（两段进行），注意人员安全防护。

（二）带鸡消毒

喷雾消毒：两周龄后用碘剂、季铵盐类，每天 1 次带鸡消毒；消毒水用量按每平方米鸡舍面积冬季 15 毫升、夏季 30 毫升计算，冬季水温控制在 25℃左右，夏季使用深井水；活疫苗免疫前后一天禁止带鸡消毒；消毒时喷头朝上，距地面 1 米，缓缓向前，防止鸡群受惊炸群；发病期间消毒次数和浓度加倍，安装自动喷雾的农户可使用自动喷雾进行喷雾，节省劳动量，消毒效果好，无死角，鸡群无应激。

饮水消毒：使用深井水每天消毒，饮水消毒时按每 100 千克水放入 1 片泡腾片，活疫苗免疫前后一天禁止饮水消毒；发病期间用

1‰的过硫酸氢钾复合物或碘制剂饮水消毒，每条棚每天200千克水，连用3～4天。

（三）饮水

水质应达到人的饮用水标准（自来水）。如果是自打水井或地表水，需进行水质检测，如果微生物超标，须全程用泡腾片或酸化剂等消毒交替使用来消毒饮水，具体浓度按照产品其说明使用。在做疫苗免疫前后3天需要避免饮水中使用消毒剂。

1日龄雏鸡饮水时使用小水壶，首次灌水不要太多，每个饮水器约加1千克水，随日龄增大而逐渐增加灌水量，并且每次灌水时，应将剩余的水倒掉，并用干净的布清洗内外。

饮水器类型，主要有普拉松饮水器和乳头式水线。具体管理如下：

1. 普拉松饮水管理

雏鸡时水位可以调高到2/3处，中大鸡水位一般调到1/3～1/2处，但夏季水位要略高一点。饮水器的高度应随着鸡的生长不断调高，饮水器的沿口要与鸡舍内中等鸡的颈部等高。每天在早晨喂料前先要对自动饮水器进行清洗（毛巾擦）。每周进行一次整个饮水系统的消毒、冲洗，保持管线的清洁，确保饮水系统正常工作。每批鸡饲养完毕后，应对饮水系统进行全部、彻底的浸泡消毒与冲洗。

2. 乳头式水线管理

进雏前3天将水线排净，并注入清水。将水线水压调到最高位置，检查水线系统是否漏水等，水线检查完成后，将水线中充满消毒液备用。使用前将水线中的水排净后用清水冲洗干净，并将水线和吊杯中充满水。

水线高度：第一周，保持乳头金属杆与雏鸡眼睛平行，2～4周保证鸡喝水时脖子与地面呈50～70度角，4周后保证鸡喝水时脖子与地面呈70～80度角。

水线内水压高度：4日龄水线指示管水柱高度12～14厘米，以后每天调高1厘米或3天调高2厘米（根据鸡群长速）直至指示管最高处（约50～60厘米）。

吊杯中垫料清理：中前期，吊杯中经常有垫料或污物，可使用软的毛竹片或木条敲击吊杯侧面，利用连接吊杯的塑料弹性将吊杯中的垫料弹出去。

定期清洗水线：3～4天/次；每次用完药或多维后清洗水线。

使用水线饮水免疫或给药需要控水时，在用药时先打开调压阀的反冲阀，将疫苗或药水快速充满整个水线，保证尽可能多的鸡只同时饮到水。

（四）搭建育雏室

用薄膜设置“屋中屋”：夏秋季用单层薄膜即可；冬春季用薄膜加无纺布的形式搭建，两边和前后都要有站膜，同时封好鸡舍四周防止贼风进入。

“屋中屋”高度以饲养人员的高度为宜，宽度根据雏鸡数量以及适宜密度进行控制（冬春季育雏密度控制在：70～90只/平方米，不能太宽，否则会造成一些浪费，增加保温费用）。

（五）加温

根据当地的气候条件状况，选择适宜的保温方法，以及备足保温设施及燃料。

建议优先推广使用水暖炉，使用地炉加温的建议配合使用钢瓶炉（每3 000个鸡使用1个钢瓶炉）加温，若单独使用地炉钢瓶炉加温的，则要求每1 500只鸡配备钢瓶炉1个进行加温；新装的保温设施应预先试温，如果不理想则须考虑是否增加其他加温辅助设施，一般进苗前3天进行预试温。雏鸡入舍前要提前进行升温，要求冬春季提前24小时升温，其他季节提前12个小时升温。

（六）喂料

按照雏鸡数量80只鸡配置料盘。进雏后，先饮水后开食，一般是先饮3%～5%的糖水，3～4小时后再喂料。给雏鸡喂料要遵循“少喂勤添”的原则，并且料盘中要保持一直有料。开食盘7天撤1/3，10天撤2/3，14天撤完。

雏鸡入舍后可以在12小时、24小时进行嗉囊检查，嗉囊饱满度（有水有料）鸡只占比率分别达到80%、95%以上，说明育雏效果好。

饲喂饲料为：1～20天育雏料，21～40天育成料，41～60天中期料，60～80天大鸡料、81日龄后期料。每次换料时，要注意过渡，一般要有3天时间过渡。

（七）分栏

分栏饲养的目的：做好分小栏工作，可以减少鸡群活动范围，减少能量消耗降低料肉比，也可防止鸡群炸群、打堆，又有利于提高均匀度和减少疾病传播。

一般第1周龄一间一栏；2～3周龄两间一栏；第4周后4间一栏；平时还需挑出弱小鸡，单独小栏饲养；病残鸡及时淘汰。

（八）公母分群饲养

分群的目的：①有利于公鸡、母鸡的发育，提高整体均匀度；②有利于防止公母打斗，降低啄毛发生率；③便于白天抓鸡平台销售，提高销售抓鸡速度；④降低抓鸡应激。

分群管理：在做疫苗接种和断喙时进行强弱、大小分群管理，挑出弱小苗单独饲养管理；适时进行公母分群，慢速鸡在40日龄以前完成公母分群工作。

操作方法：将鸡舍横向分为一分为二，公鸡在前，母鸡在后（公鸡栏的面积稍大），中间用竹篱笆、塑料网或框铁丝网拦住，在栏板上面加渔网，同时在运动场用渔网隔开。

（九）饲喂青绿饲料

饲喂青绿饲料（南瓜、材料）有利于降低雪山鸡等慢速鸡的料肉比，防止鸡群啄毛，提高鸡肉品质，但青绿饲料添加量不宜超过采食量的10%，（若是叶类不应超过20%）。

（十）垫料

小鸡阶段（0～15日龄）：冬春季8～10厘米，夏秋季5～6厘米；

中鸡阶段（16～30日龄）：冬春季6～8厘米，夏秋季3～4厘米；

大鸡阶段（31 日龄～出栏）：冬春季 5～6 厘米，夏秋季 3～4 厘米；夏季出现极端高温天气，即 35℃以上，垫料厚度可适度降低。

建议在 35～45 日龄期间将育雏室内垫料全部更换，这样对后期鸡群呼吸道疾病的发生有很好地预防作用，在饲养过程中发现垫料潮湿、结块，一定要及时更换。

（十一）断喙

为了防止鸡发生啄癖，减少饲料浪费，要及时断喙。可以在 6～8日龄机械断喙或 1 日龄在孵化厂红外线断喙，有必要时在 30 日龄修喙。

（十二）运动场放养管理

夏秋季（5月至 10 月）：快速鸡在 30 日龄后、慢速鸡在 40 日龄后放运动场饲养（雨天除外）；冬春季（11 月至次年 4 月）：外界温度 18℃以上，快速鸡在 40 日龄后、慢速鸡在 45 日龄后，放运动场饲养（雨天除外）。

放养早期要选择天气暖和的晴天开始放养，开始时每天可放养 2～4 小时，以后增加放养时间，使鸡只逐渐适应环境变化，经过放养调教后即可采取早出晚归的全天放养方式。

根据运动场条件，用小眼网拉起 1.5 米以上的高度，并用木桩固定，尤其是与地面的交接处要用砖块压实，以防鸡只逃跑，或野兽等进入。

放养鸡群公母要分开饲养：公母鸡之间要用拦网隔开，有条件的可以每两间用拦网隔开。

遮阳效果：在植树暂时没有遮阳效果的前提下，要根据情况搭建凉棚或拉遮阳网遮阳。要求：两边用水泥柱固定，两边搭建遮阳网并拉直。水泥柱高（2.5 米），埋入地下：50 厘米；使用遮阳率在 80％以上的遮阳网。

（十三）密度

雪山鸡饲养密度见表 4－4。

表 4-4　雪山鸡饲养密度

只/平方米

	第1周	第2周	第3周	第4周	第5～6周	7周以后
慢速鸡	50～40	40～35	35～30	25～20	20～12	12～10

注：(1) 在冬春秋密度可12.5只/平方米，夏天密度下降到11只/平方米；
(2) 在保证鸡舍适宜的温度前提下及时扩群，避免密度过大。

(十四) 免疫程序及其他

雪山鸡免疫程序见表4-5。

高温时段使用自动喷雾线进行降温（雷暴雨前等极端高温高湿环境可适当减少喷雾次数），喷雾时大风扇或大风机必须同时工作。

每隔半小时进鸡舍内查看鸡群状况，发现扎堆的及时驱散；高温时鸡舍内必须一直有人。

表 4-5　雪山鸡商品肉鸡免疫程序

日　龄	疫苗种类	接种剂量	免疫方式
1	CVI988+威力克	0.5头份+1头份	皮下注射
	传支活苗	1.2头份	孵化场喷雾
	H9	0.15ml	皮下注射
4～6	球虫苗	1头份	拌料
13	新支二联活苗	1.2头份	滴鼻点眼
	ND+H9	0.25ml	皮下注射
	H5+H7	0.25ml	
25	传喉+鸡痘	1头份+1头份	点眼+刺种
35	H5+H7	0.3ml	皮下注射
	ND+H9	0.3ML	
50	LASOTA+H120	2头份	饮水

第三节　雪山鸡环境控制技术

一、温度、湿度的控制

（一）温度控制

雪山鸡饲养温度要求见表 4－6。

表 4－6　雪山鸡饲养温度要求

日龄	0～3 天	4～7 天	第 2 周	第 3 周	第 4 周	第 5 周	6 周以后
温度（℃）	35～33	33～31	31～29	29～27	27～25	25～22	22～18

注：（1）初生苗前 3 周温度提高 1～2℃；

（2）夏季适当走室温范围上限，冬季相对走下限。

（二）湿度控制

每个农户至少配备 2 个湿度计或温湿度两用计。湿度控制范围：第 1 周湿度保持在 65％～70％之间；2～4 周湿度保持在 60％～65％之间；育成期湿度保持在 55％～60％之间。

可以采取加温、通风调整相应措施降低鸡舍内湿度；采用热水蒸发、喷水等措施来增加湿度。

二、通风

根据鸡舍条件，可以通过自然通风或鸡舍硬件（如风机、湿帘、风扇等）来进行鸡舍内外空气流通，保证鸡舍内空气新鲜，降低舍内有害气体和灰尘浓度。育雏期及冬季饲养要保证最小通风量。例如，在氨气浓度比较大的情况时，可通过加温提高鸡舍温度再通风。判断鸡舍通风效果，可通过饲养人员感官或借助仪器来测量判断，并做合适通风操作调整。

三、光照的控制

育雏期间一定要安排夜间停光，训练雏鸡对黑暗的适应能力，以防止突然停电发生压死鸡现象，冬季和上市前可适当延长光照，促进性腺发育，获得良好的外观和体重，具体光照标准见表 4－7。

表 4－7　雪山鸡饲养光照标准

日龄	光照时间	强度
0～3	24 小时	每间 2 盏 15W 节能灯或 5W LED 灯
4～7	23 小时	每间 2 盏 15W 节能灯或 5W LED 灯
8～14	22 小时	每间 2 盏 11W 节能灯或 3W LED 灯
15～21	21 小时	每间 2 盏 15W 节能灯或 5W LED 灯
22～28	20 小时	每间 1 盏 15W 节能灯或 5W LED 灯
29～35	18 小时	每间 1 盏 15W 节能灯或 5W LED 灯
36～42	16 小时	每间 1 盏 15W 节能灯或 5W LED 灯
43～77	晚上 11 点开灯 2～3 小时	每间 1 盏 15W 节能灯或 5W LED 灯

放鸡：45 日龄之后，雪山鸡必须放鸡（除雨天运动场积水）。要求下雨后及时处理运动场积水。

栖息架：后期可在饲养雪山鸡鸡舍中搭建栖架，让一部分鸡上栖架减小地面饲养密度。白天在运动场提供部分水壶和料桶，不下雨时晚上可以拉上照明灯，减小舍内饲养密度。

第五章

雪山鸡主要疫病防控技术

“雪山鸡”属于黄羽肉鸡的一种，目前种鸡采用的饲养模式为笼养，商品肉鸡采用的模式为地养，在这两种集约化规模化的养殖模式下，疾病仍是影响鸡群健康的重要因素。“养重于防、防重于治、养防结合、综合防控”是老一辈禽病专家对于禽病防控提出的原则，立华公司对于疾病防控工作也是始终贯彻这一原则。

对于不同疾病的防控根据疾病的病原学特点、传播机制、流行情况和对生产危害的严重程度需要制定不同的防控方式。禽白血病对生产危害严重，防控时无疫苗和抗生素等可供选择，但有成熟的净化模式可供参考，且在生产过程中迫切需要解决的问题，对于这类疾病立华采用的模式是对祖代以上鸡群采用高效、快速和持久净化的模式。对禽流感、新城疫、法氏囊病和球虫病危害生产严重，但是有有效的疫苗进行免疫，且免疫效果很好的这一类疾病采用的防控模式就是采用免疫为主的方式。鸡白痢沙门菌病对种鸡和商品鸡饲养都有较严重的危害，但是有抗生素和酸化剂等方式可以用于辅助疾病的防控，对于这类级别种鸡群则采用以净化为主，药物防控为辅的方式。大肠杆菌这类条件性致病菌，则主要通过加强饲养管理，净化饲养环境和减少鸡群应激等方式来控制疾病。最后像网状内皮增生症这种对生产危害较小，无疫苗和抗生素可供选择，主要风险来自于质量不合格的生物制品，该类疾病则主要通过选择合格的生物制品和加强生物安全进行防控。当然，生物安全是防控一切疾病的首要前提。

为了能够对影响雪山鸡生产主要的疾病有一个更为明确的认识，本章将疾病分为了两大类即病毒性疾病和细菌性疾病（含球虫病），分别从疾病的概述、病原学特点、流行病学、临床症状、病理变化、诊断及预防和治疗七个方面进行详细描述。同时结合立华公司在“两白净化”工作方面取得的成效，简要介绍一下这两种疾病净化的方法。

第一节　病毒性疾病

一、新城疫

（一）概述

新城疫（Newcastle disease，ND）又名亚洲鸡瘟，伪鸡瘟，是一种主要侵害鸡和火鸡的高度接触性、致死性的传染病，其他各种禽类也能引起感染和死亡。感染鸡一般呈现急性败血症状，特征症状是呼吸困难、神经症状和下痢。急性发病剖检症状为腺胃乳头、腺胃肌胃交界处出血、泄殖腔出血、坏死以及十二指肠出血。

新城疫最早发生于印度尼西亚的爪哇和英国的新城，由 Doyle 研究证明其与鸡瘟（禽流感）不同，为了能够与鸡瘟区别，根据疾病最早的发现地命名为新城疫。后续该病迅速在世界范围内传播。我国最早的病例报道于 1946 年。该病发病率和死亡率都很高，是危害养鸡业最严重的疫病之一，目前我国主要采取普遍免疫的方式来控制该病。该病也是我国《国家中长期动物疫病防治规划（2012—2020 年）》中需要强制净化的四种禽病之一。

（二）病原学

新城疫病毒（Newcastle disease virus，NDV ）在分类学上属于副黏病毒科禽腮腺炎病毒属禽副黏病毒 1 型。NDV 是一种有囊膜近球形的 RNA 病毒，成熟的病毒粒子直径约 100～400 纳米，囊膜表面有很多纤突，纤突长度约 8～10 纳米，主要为血凝素神经氨酸酶（HN）和融合蛋白（F）。

根据 NDV 融合蛋白 F 基因的差异可以将病毒分为 Class Ⅰ和

Class Ⅱ两个分支共 19 个基因型，但是通过多克隆血清进行抗原分析显示目前所有的 NDV 分离株只有一个血清型。尽管只有一个血清型，但是不同的分离株在对鸡或鸡胚的致病性上存在着显著的差异。通过 1 日龄雏鸡脑内注射的致病指数、最小致死量、病毒致死鸡胚的平均时间和 6 周龄鸡静脉注射的致病指数（IVPI）等方法可以将不同的分离株分为缓发型（弱毒株）、中发型（中等毒力株）和速发型（强毒株）。

NDV 对鸡胚具有很好的适应性，能够在鸡胚中大量扩繁，因此可以通过鸡胚进行 NDV 的分离鉴定和大量培养。病毒在鸡体内广泛分布于病鸡的所有组织和器官内，包括分泌物和排泄物、血液，但以肺、脾和脑中病毒含量最高，因此常选择采集这些样品用于病毒的分离。另外 NDV 具有凝集多种动物红细胞的特性，因此可以利用该方法进行病毒的鉴定和抗体效价的测定。NDV 对消毒剂的抵抗力不强，常用的消毒剂如氯制剂、碘制剂、福尔马林、氢氧化钠等在 5～20 分钟内即可将病毒灭活。

（三）流行病学

鸡、火鸡、野鸡、鹅、鸽子和多种其他禽类都是 NDV 的易感宿主，在不同的动物之间易感性存在着显著差异，其中鸡最易感。不同品种和不同日龄的鸡存在易感性差异，一般来讲黄羽肉鸡的抗病性要强于白羽肉鸡和蛋鸡，雏鸡的易感性要严重于老龄鸡。呼吸道和眼结膜感染是自然条件下最常见的感染方式，在饲养条件较差的情况下，如氨气浓度过高，粉尘含量过大往往会加重该病的感染。另外，该病也会发生消化道感染的情况，发病鸡的分泌物中常常含有大量的病毒，造成鸡群中的水平传播。该病一年四季都会发生感染，但往往在季节交替的时候发病尤为严重，如秋冬季和冬春季换季之际。近些年非典型性的新城疫发病逐年增多，发病率和死亡率均不高，主要发生在弱毒苗免疫之后，发病鸡会不断地排毒，造成鸡群的整体免疫效果下降。

（四）临床症状

根据感染病毒的毒力、感染剂量和个体抵抗力等因素差异，潜伏期可能为2～20天左右。结合临床症状和病程的长短，可以将鸡的感染分为最急性型，急性型和亚急性或慢性型三种不同的类型。

最急性型：多见于强毒感染暴发的早期，鸡群一般没有明显症状突然发病，突然死亡，这种情况一般发生于未免疫或免疫效果不好的小日龄鸡群。

急性型：一般出现在最急性感染期后2～3天，鸡群死亡数量逐步增加，发病鸡体温升高，最高可到43～44℃，食欲减退或废绝，病鸡精神萎靡，羽毛蓬松无光泽，翅膀下垂，头颈蜷缩，肉髯和鸡冠发紫，眼睛半闭或全闭，鸡群中会有严重的呼吸道声音，并伴有咳嗽，怪叫等现象。嗉囊胀气，将发病鸡倒提起来会从口鼻处流出大量的酸臭液体。口腔和鼻腔分泌物增多，病鸡常有摇头和吞咽动作。发病鸡会排黄绿色或白色的稀粪，偶见混有少量血液。病鸡会表现出头颈后仰、向下扭转等神级症状。产蛋期种鸡发病产蛋率迅速下降，白壳蛋、软皮蛋和畸形蛋迅速增加，部分严重鸡群会停止产蛋。另外种蛋的受精率和活胚率也会显著下降。

亚急性或慢性型：这一类症状常出现在急性感染期之后或感染致病性稍弱的毒株，初期症状与急性感染基本一致，不久后临床症状减轻，同时出现较多的神级症状。病鸡表现为翅膀下垂，站立不稳、头颈后仰、向下扭转等神级症状。部分鸡群因神级症状无法正常饮水采食最后衰竭死亡。相对最急性感染和急性感染，该类型病程长，但死亡率较低。

（五）病理变化

最急性型：由于鸡群发病急，大多数情况下没有肉眼可见的显著变化，个别鸡在心外膜和心冠脂肪有少量的出血点。

急性型：呼吸道和消化道症状最明显，咽喉有大量黏液，咽部黏膜充血，偶有出血，嗉囊内有大量酸臭液体；腺胃乳头出血是典型症状，腺胃与肌胃交界处及腺胃与食道交界处呈带状出血；肌胃角质膜下出血，有时还会出现溃疡灶；十二指肠以至整个肠道黏膜充血、出血；心外膜和心冠沟脂肪出血；输卵管充血、水肿，有时会见卵泡破裂。

亚急性或慢性型：主要表现为咽喉有黏液，黏膜有不同程度的出血、水肿等；输卵管出血、水肿；偶见腺胃乳头出血和肌胃膜下出血和溃疡。

（六）诊断

对于急性发病鸡群结合临床症状、病理剖检和相关流行病学资料即可对该病做出初步诊断，而亚急性或慢性往往很难见到典型的病例变化，易与其他疾病混淆，难以明确，因此如果需要确诊则需要借助实验室诊断进一步验证。常用的实验室方法有病原学检查、病毒分离鉴定、抗体效价跟踪测定等。

病原学检查：采集病毒含量较高的肺脏、脾脏和脑组织等直接进行病料核酸提取，采用 RT－PCR 等分子生物学方法检测 NDV 特异性的片段。

病毒分离与鉴定：采集病毒含量较高的肺脏、脾脏和脑组织等进行病料研磨接种于 9～11 日龄的鸡胚，每 24 小时观察一次记录鸡胚死亡情况并收取尿囊液，对收取的尿囊液采用血凝和血凝抑制试验进行 NDV 病毒鉴定。

抗体效价跟踪测定：该方法是耗时最长的方法，在鸡群发病初期，发病中期和恢复期分别采集适量的血清样本进行 NDV 抗体效价测定，根据不同采样节点抗体效价的变化规律即可做出判断。

其他的方法还有免疫荧光试验、血清中和试验、酶联免疫试验、动物回归试验等多种方法。

（七）预防和治疗

预防：①控制传染源：该病的传染源主要为发病鸡和恢复期仍在排毒的鸡，因此不从疫区引种和转移物资是控制该病的前提；②切断传播途径：严格的消毒制度和评估检测，严格执行生物安全相关措施，降低病原进入鸡群的风险。人流、物流和车流必须在满足生物安全处理的基础上再进入鸡群等；③消除易感动物：该病有很好的疫苗可以选择，包括减毒活疫苗和灭活苗等，通过实践证明建立良好的免疫能够有效的防控该病的发生，因此可通过建立合理的免疫程序和定期的免疫效果评估降低疾病发生的风险。

治疗：该病在发病后无特异性治疗方法，但可以采取紧急免疫的措施结合对症治疗的方法能够有效降低鸡群的发病率和死亡率。

二、禽流感

（一）概述

禽流感（Avian influenza，AI）是由任一亚型的A型流感病毒（Avian influenza virus，AIV）引起的家禽和野生禽类感染的高度接触性传染病的统称。于1878年在意大利最早被报道，目前已经在世界范围内广泛流行，早期该病由于高死亡率被称为“鸡瘟”，后改名为高致病性禽流感，后研究发现引起发病的属于高致病性禽流感病毒。根据致病性的强弱，禽流感病毒可以分为无致病性禽流感病毒、低致病性禽流感病毒和高致病性禽流感病毒。临床感染的病毒亚型不同，临床症状也会存在显著差异，如无致病性禽流感病毒感染无临床症状；低致病性禽流感病毒感染仅表现为轻微呼吸道症状，产蛋率轻微下降，采食量轻微下降；而高致病性禽流感则可能造成鸡群的大量死亡，严重者死亡率可达90%～100%。

近些年由于引起家禽发病的流感病毒，不仅仅导致家禽的发病和死亡，还造成人的感染和死亡，如1997年中国香港的高致病性禽流感病毒（H5）引起人的死亡，2013—2016年H7引起人的死亡，对人类的健康构成严重威胁，越来越得到了更多人的关注和重视，在我国强制使用了有效疫苗防控后不仅降低了鸡群的发病和死亡，还有效避免了人的感染和发病。

（二）病原学

AIV在分类学上属于正黏病毒科、A型流感病毒属。多数情况下成熟的AIV病毒粒子呈典型的球形，直径通常为80～120纳米，偶见丝状。成熟的病毒表面有囊膜，囊膜表面有两种纤突，纤突长度10～12纳米，分别为血凝素（Hemagglutinin，HA）和神经氨酸酶（Neuraminidase，NA）。HA和NA具有亚型的特异性和多变性，到目前为止已经报道的HA蛋白有19种，NA蛋白有11种，不同的HA和NA之间随机组合能够形成不同的AIV亚型，如常见的高致病性禽流感病毒 H5N1、H5N2、H5N6、H7N8，低致病性禽流感病毒 H9N2，H6N1 等。但有个别亚型的毒株既有低致病性毒株，也有高致病性毒株，如 H7N9。

流感病毒的亚型众多，不同亚型的致病性也存在着较大的差异，毒力的差异主要由病毒粒子的复制速度和 HA 裂解位点的不同氨基酸序列决定。AIV 病毒的 HA 蛋白能凝集鸡和部分哺乳动物的红细胞，而且这种凝集现象能够被特异性的血清抑制，因此可以使用 HA/HI 试验来对病毒或疾病进行鉴别诊断。与 NDV 病毒一样，AIV 对鸡胚也有很好的适应性，并且能够在鸡胚中大量扩繁，因此可以通过鸡胚进行 AIV 的分离鉴定和大量培养，但高致病性 AIV 毒株容易导致鸡胚在 24 h 内死亡，病毒增值滴度有限。由于 AIV 病毒具有囊膜，因此对于脂溶性的消毒剂比较敏感，另外其他多种类型的消毒药如氯制剂、强酸强碱和过氧化物类都能够有效的杀灭 AIV 病毒。此外，AIV 对热也比较敏感，60℃加热 10 分钟或者 100℃加热 45 秒都能够杀灭病毒，但是 AIV 在零度以下的粪便中能够存活三个月以上。

（三）流行病学

禽流感自报道以来在全世界范围内已经广泛流行，鸡和火鸡是禽流感病毒最易感的宿主，其他禽类如鸭、鹅、雉鸡、鸽子、鹌鹑等都受到禽流感的威胁。大多数情况下水禽在感染禽流感病毒后无临床症状呈现隐性带毒状态，成为了病毒的天然存储库。

禽流感一年四季都会发生，但往往以季节交替的时候发病尤为严重，如秋冬季和冬春季换季之际。在高密度饲养情况下可加速禽流感的传播，同时发病率和死亡率也会加大，另外鸡和水禽混合饲养也加大了该病的发病风险。该病是高度接触性传染病，可通过含有病毒的气溶胶经过呼吸道传播，也可以通过受病毒污染的粪便、垫料、饲料、饮水和鸡舍用具等从消化道感染。

（四）临床症状

禽流感的潜伏期从几小时到几天不等，临床症状也极其复杂，主要受感染病毒的种类、感染鸡群的日龄、饲养管理水平、免疫情况等因素影响。一般情况下临床上主要分为低致病性禽流感和高致病性禽流感两种。

低致病性禽流感：鸡群在感染低致病性禽流感（如 H9N2）后，通常情况下临床症状轻微，发病缓和，甚至无临床症状呈现隐性感染，多为高发病率和低死亡率。产蛋期母鸡可能会有轻微的产蛋下降的现象。具有轻微临床症状的鸡群常表现为流泪、咳嗽、呼吸啰音和打喷嚏等。稍微严重的鸡还会表现为精神沉郁、羽毛蓬松、打堆、采食量和饮水量下降等。

高致病性禽流感：鸡群感染高致病性禽流感病毒后，常表现为发病急，发病率和死亡率高，部分鸡群死亡率甚至高达 100%，常无明显症状而突然死亡。急性期过后未死亡的鸡群表现为体温升高（43～44℃），精神高度沉郁，采食量和饮水量急剧下降；翅膀下垂，羽毛蓬松；鸡群出现呼吸道症状，如咳嗽、啰音甚至尖叫；头部和脸部水肿；无毛部皮肤（鸡冠、肉髯、脚部）发绀、肿大、出血、坏死；排白色或黄绿色粪便；部分鸡可见神经症状，共济失调；产蛋鸡鸡群产蛋率大幅下降甚至停止，软皮蛋、薄壳蛋、畸形蛋明显增多。

（五）病理变化

低致病性禽流感：鸡群在感染低致病性禽流感病毒后，剖检的病理变化主要在呼吸道，常见的剖检变化为气管黏膜、喉头部位等充血水肿，有黏液；气管和支气管出现浆液性分泌物逐步变为干酪样，堵塞气管；气囊常出现浑浊、增厚的现象，有时也会出现干酪物；产蛋种鸡会出现卵泡破裂的现象形成卵黄性腹膜炎；低致病性禽流感感染后期常会伴发细菌感染形成典型的大肠杆菌心包炎、肝周炎和腹膜炎等症状。

高致病性禽流感：鸡群感染高致病性禽流感病毒后，最急性的感染常无明显的病理剖检变化。典型的高致病性禽流感主要表现为内脏器官和皮肤的水肿、出血和坏死等病理变化。感染鸡脚鳞片会有大量的出血点；鸡冠、肉髯和体表无毛皮肤处发绀；肌胃角质膜下、腺胃乳头和十二指肠出血；心外膜、心冠脂肪大量散在出血点；腹部脂肪大量散在出血点；肺脏、肝脏、脾脏肿大出血；部分鸡群会出现皮下出血点；产蛋母鸡卵巢、输卵管充血或出血，卵泡破裂等。

（六）诊断

由于引起禽流感的不同亚型毒株致病力差异很大，临床症状和病理变化也极其复杂，因此必须借助实验室的方法进行确诊。常用的实验室诊断方法如下：

病原学检查：AIV 病毒主要在呼吸道和消化道复制和排毒，采集病毒含量较高的喉头、气管、肺脏或泄殖腔等，另外肝脏、肾脏等也可以进行样品采集，直接进行病料核酸提取，采用 RT - PCR 等分子生物学方法检查 AIV 特异性的片段。

病毒分离与鉴定：采集病毒含量较高的组织和器官等进行病料研磨接种于 9～11 日龄的 SPF 鸡胚，在接种后 18 小时首次观察鸡胚，以后每 24 小时观察一次记录鸡胚死亡情况并收取尿囊液，对收取的尿囊液进行血凝和血凝抑制试验进行 AIV 病毒鉴定。

抗体效价跟踪测定：在鸡群发病初期，发病中期和恢复期分别采集适量的样本进行 AIV 特异性的抗体效价，根据抗体效价的变化规律即可做出判断。

其他的方法还有免疫荧光试验、血清中和试验、酶联免疫试验、动物回归试验等多种方法。

（七）预防和治疗

1. 预防

控制传染源：该病的传染源主要为发病鸡和恢复期仍在排毒的鸡，因此不从疫区引种，转移物资是控制该病的前提；

切断传播途径：严格的消毒制度和评估检测，严格执行生物安全相关措施，降低病原进入鸡群的风险。人流、物流和车流必须在满足生物安全处理的基础上再进入鸡群等；

消除易感动物：按照国家对高致病性禽流感的免疫要求进行鸡群免疫，通过实践证明建立良好的免疫能够有效地防控该病的发生，因此可通过建立合理的免疫程序并结合定期的免疫效果评估可以有效地降低疾病的发生。

2. 治疗

鸡群发生疑似高致病性禽流感，应第一时间报告当地兽医主管部门，配合兽医主管部门采取对一类动物疫病的处置措施。

感染低致病性禽流感在发病后一般无特异性治疗方法，但采用对症治疗的方法能够有效降低鸡群的发病率和死亡率，降低损失。

三、禽白血病

（一）概述

禽白血病（Avian leukosis，AL ）是由禽白血病/禽肉瘤病病毒群中的病毒引起的禽类各种不同形式的良性和恶性肿瘤性疾病的总称。在自然感染条件下以淋巴细胞白血病最为常见，其他还有成髓细胞白血病、髓细胞白血病、成红细胞白血病、血管瘤和纤维瘤等。

该病自1868年由Roloff首次报道以来，目前在世界各地均有报道，而早期该病由于渐进性发生的特点、较低死亡率和经济损失，在很长一段时间内并未引起大家的重视。20世纪末在世界范围内暴发的J亚群禽白血病，造成了鸡群的生产性能（产蛋性能和产肉性能）严重下降和鸡群的死亡给全球养禽业也造成了巨大的经济损失，引起研究者对该病的重视。我国在2002年首次报道J亚型禽白血病，2010年前后我国有些养鸡场暴发了J亚群禽白血病，临床表现主要为血管瘤，一旦出血就会流血不止，直至死亡，另外感染鸡群还存在严重的免疫抑制，给养鸡业造成了巨大的损失，严重制约了养鸡业的发展。

（二）病原学

禽白血病病毒（Avian leukosis virus，ALV ）在分类学上被列入C型致瘤病毒群，属于反转录病毒科。病毒粒子约80～120 nm，成熟病毒粒子一般为球形。在病毒粒子表面有囊膜，囊膜上有球形纤突。根据病毒囊膜纤突糖蛋白抗原结构，将病毒分为A－K共计11个亚群，不同亚型之间几乎无交叉中和作用。常见的感染鸡的禽白血病病毒亚型包括 A、B、C、D、E、J 和 K 亚群。A、B、J 和 K 亚群为鸡群田间感染的外源性病毒，而 C、D 亚群在田间感染中很少发生，E 亚群病毒为内源性禽白血病病毒，常整合在鸡的基因组 DNA 上，几乎没有致瘤性。

ALV 对环境和消毒药的抵抗力较低，在无保护剂的环境中 37℃只能存活 4～5 小时，即使在低于零度条件下存活也不超过 1 周，冻融对病毒的活性也会产生很大影响。一般的消毒药如脂溶性消毒剂、表面活性剂、氯制剂等均能有效杀灭病毒。

ALV 接种于 SPF 鸡胚卵黄囊中可形成肿瘤，接种于鸡胚绒毛尿囊膜中可形成肿瘤性痘斑。另外 ALV 也可以接种于 CEF 细胞或 DF-1 细胞上，该方法可以用于病毒的分离和鉴定。

（三）流行病学

鸡是 ALV 最重要的天然宿主，另外雉鸡、火鸡、鸭、鸽子也会发生由不同亚型 ALV 引起的肿瘤。不同品种的鸡对病毒感染和肿瘤发生的抵抗力也存在较大的差异，目前也有培育出对 ALV 不易感的品系鸡。鸡的日龄越小对该病的易感性越高，2 周龄内的苗鸡是最易发生水平传播，而在 14 周龄前的鸡群尽管有很高的感染风险但很少表现出临床症状。

该病的主要传播方式主要有两种，一种是经由感染 ALV 的母鸡或公鸡精液直接经蛋传播给后代苗鸡，该方式也是 ALV 传播的最重要方式，另外一种是因与感染 ALV 的鸡接触或接触污染有 ALV 的物品造成的水平传播。接种由 ALV 污染鸡胚培养的活疫苗也会造成该病的传播。

（四）临床症状

鸡感染 ALV 后病鸡只有一般性的全身性症状。感染鸡群均匀度较差，病鸡精神萎靡，鸡冠和肉髯发白；全身进行性消瘦，用手触摸胸骨突出；食欲不振；腹部常增大，用手触摸有时可以摸到肝脏的肿大；病鸡的法氏囊肿大，用手指从泄殖腔探查会触摸到肿瘤结节。近些年发生的由 J 亚型 ALV 的病鸡在皮肤有出血斑，鸡爪部有血管瘤流血破裂。

（五）病理变化

不同亚型的 ALV 感染后病理变化会有差异，但病理变化主要为多组织中可见到淋巴瘤，其中肝脏、脾脏、肾脏、卵巢和法氏囊中最为常见，其中肿瘤的数量和大小在各个器官中会有较大差异。肿瘤的病变切面呈灰白色到白色，质地柔软有光泽，可能是弥散性的，也可以是局灶性的。最明显的肿瘤病变多发生在肝脏和脾脏中，各种肿瘤结节大小不一，单个存在或大量分布，最大的肿瘤结节可到鸡蛋大小。弥漫性的肿瘤可使肝脏和脾脏肿大数倍，色泽发白，质地变脆，整个肝脏和脾脏的外观变成大理石样的色彩，肝脏和脾脏的变化是淋巴细胞性白血病的一个重要特征，所以该病俗称为“大肝大脾病”。腺胃肿大如球状也在发病鸡群中被发现，法氏囊、肾脏、肠壁和肺脏中也会形成灰白色的肿瘤结节。另外近些年发生的 J 亚型 ALV 感染后还可以在胸骨、肋骨和鸡爪形成肿瘤。因血管破裂经常在胸腔和腹腔中充满凝血块。

（六）诊断

根据流行病学情况、临床症状和病理剖检可以对该病做出初步诊断，如果需要确诊则需要借助实验室的诊断。

病理切片：采集典型的肿瘤组织进行病理切片检查，根据切片中的肿瘤病理特征，该方法能够对疾病进行有效诊断。

病毒分离：采集血液、精液、蛋清和其他组织接种于合适的细胞上（如 DF－1 细胞）进行病毒分离，分离后采用 ELISA 或 PCR 等方法进行检测。

RT－PCR 法：设计 ALV 特异性序列，可以对外源性 ALV 进行检测，该方法具有快速、灵敏等优点。

其他实验室检测方法：荧光抗体试验、核酸探针试验、血清中和试验和 ELISA 方法等。

（七）预防和治疗

预防：净化是预防禽白血病最重要也是最有效的方式，采用合适的方法对鸡群进行检测，淘汰阳性鸡，建立阴性鸡群，逐步达到净化的目的。

治疗：目前对于禽白血病尚无有效的治疗方案。

（八）禽白血病净化

1. 每个世代种鸡群的检测淘汰

包括：0日龄胎粪、育成期（12周龄，结合排毒规律及现场选淘而定）、产蛋前（18周，结合品种产蛋规律的差异性）、纯繁留种前（40周左右）四个时间点全群的胎粪、肠黏膜排毒、血淋巴细胞含毒和公鸡精液带毒的检测。淘汰所有阳性鸡和可疑鸡。

0日龄胎粪ALV检测：对全同胞家系苗鸡逐只单独收集胎粪进行检测，淘汰阳性家系。

对育成鸡的AL检测：结合育种鸡选育扩繁、饲养管理、病毒感染和所选用的检测方法等特点，对12周龄种鸡群进行普检，对同一只鸡同时采集泄殖腔棉拭子和血液检测。具体如下：

泄殖腔棉拭子样品：用ELISA方法检测p27抗原，淘汰阳性鸡和可疑鸡。

血液样品：接种细胞分离病毒，用ELISA试剂盒检测p27抗原，淘汰阳性鸡和可疑鸡。

对产蛋舍鸡群的AL检测和阳性鸡淘汰：在20周龄种鸡群，采取与上述（2）相同的泄殖腔样品和血液样品进行ALV检测，根据结果淘汰阳性鸡和可疑鸡。

开产后蛋清监测：在上述步骤2～3完成后3周监测蛋清，抽样184份进行监测。

开产后精液检测：在开产后对公鸡采集精液进行病毒分离检测，淘汰阳性鸡和可疑鸡。

对纯繁留种种鸡AL检测和阳性鸡淘汰：在40～45周龄种鸡留种前采取与上述（2）相同的泄殖腔样品和血液样品进行ALV检测，同时公鸡采取与上述（5）相同的方式进行精液检测，根据结果淘汰阳性鸡和可疑鸡。

下一世代鸡的检测和淘汰：对经上述1～6步骤检测淘汰后种鸡的出壳的雏鸡，作为净化后下一世代鸡。继续按上述1～6步程序，实施下一世代的检测和净化。以后可按此程序继续循环进行。

2. ALV 净化配套的饲养管理和其他环节

育雏环节：ALV 除了垂直传播，还能进行横向传播。特别在育雏阶段一定要建立严格的隔离设施，后备种鸡单独育雏饲养，并控制育雏饲养密度。

活毒疫苗外源污染性病毒质量控制：加强种鸡用的活毒疫苗（如马立克氏病毒疫苗等）的外源性病毒污染的检测，以避免活毒疫苗中 ALV 的污染。

加强种鸡蛋的卫生消毒，以及单独孵化和出雏。

胎粪阳性全同胞系淘汰环节：全同胞家系的种蛋放入一个通气的隔离袋进行出雏，只要出现一只以上的阳性鸡，就淘汰阳性鸡所在出雏袋内的全部全同胞苗鸡，同时淘汰相应种鸡。对 0 日龄雏鸡，胎粪检测淘汰阳性鸡结束后，其余鸡才进行性别鉴定、免疫注射等后续工作。

其他环节：包括种鸡生产（集蛋、孵化、育雏、育成、产蛋、授精）配套环节和生物安全措施等的提升。

四、传染性法氏囊病

（一）概述

鸡传染性法氏囊病（Infectious bursal disease，IBD）是由传染性法氏囊病病毒（Infectious bursal disease virus，IBDV）引起的一种急性、高度接触传染性疾病，主要侵害 2～15 周龄的鸡，其中最易感的周龄为 3～6 周龄。该病于 1957 年在美国首次被报道，我们最早于 1980 年报道，在 1982 年由多个科学家在不同地方分离到病毒，证实该病在我国的存在并证明该病由国外进口种鸡传入国内，目前该病在世界范围内广泛传播。IBD 发病的特点是发病急，发病率高，死亡率高达 30%以上。IBD 发病后特征性的病变是法氏囊出血、水肿，腿肌和胸肌出血，腺胃和肌胃交界处呈条状出血造成鸡群的死亡，同时还会造成鸡群的淘汰率增加，增重放缓，饲料报酬率下降。由于感染 IBDV 后，对免疫系统造成破坏，病鸡常出现免疫抑制的现象，使接种疫苗的鸡的免疫应答下降或无免疫应答，最终导致疫苗免疫失败，如新城疫疫苗、传染性支气管炎疫苗和禽流感疫苗等，进而降低鸡群对相关疾病的抵抗力，提高鸡群发病率和死亡率，给养殖场带来了严重的经济损失。IBD与马立克氏病和新城疫一起被国际公认为影响养鸡业的三大疾病，因此加强对该病的防控显得极其重要。

（二）病原学

IBDV属于双RNA病毒，禽双RNA病毒属。成熟的病毒粒子直径约55～60 nm，呈二十面体立体对称结构，病毒具有单层衣壳，无囊膜。到目前为止IBDV具有两种血清型，即血清Ⅰ型（鸡源型）和血型Ⅱ型（火鸡源型），两种血清型之间无交叉保护性，对鸡有致病性的仅有血清Ⅰ型。血清Ⅰ型IBDV被发现至少存在3种不同的血清亚型在我国流行。研究发现从不同来源分离的IBDV毒株，根据其致病性强弱又可以将血清Ⅰ型病毒分为弱毒株、中等毒力毒株、经典强度株和超强毒株。田间的超强毒株感染能够突破弱毒疫苗所产生的抗体保护，常常造成免疫鸡群的大量死亡，死亡率最高可达90%以上。IBDV主要侵害小日龄鸡的法氏囊，同时脾脏、胸腺及其他免疫组织也会受到侵害，主要引起免疫器官组织的淋巴细胞变性、坏死，导致机体的免疫机能抑制。

IBDV能够很好地在鸡胚上增殖，常选用SPF鸡胚进行IBDV的分离和扩培。常用的鸡胚接种方式有两种，一种是接种于5～7日龄鸡胚的卵黄囊，另外一种是接种于9～11日龄鸡胚的绒毛尿囊膜，在接种72小时后病毒的滴度最高，可以通过尿囊液和羊水进行病毒收集。接种病毒后鸡胚通常情况下在3～6天死亡，死亡胚体表现为发育不良，水肿，肾脏出血，肝脏有斑点样坏死等，不致死的鸡胚常表现出肝脏坏死和脾脏肿大等。在鸡胚中适应的病毒往往对细胞也具有很好的适应性，常可以用鸡胚成纤维细胞、鸡胚肾细胞和鸡胚法氏囊细胞进行培养，在鸡胚细胞上经过2～3次传代培养可以观察到细胞病变。

IBDV对热具有很强的抵抗力，需要60 ℃ 90分钟或者70 ℃ 30分钟病毒才可被灭活。病毒耐冻融，反复多次冻融不影响病毒的活性和效价。另外还对强酸强碱具有很强的耐受性，在 pH 为 2 的环境中 1 小时仍不可被灭活，pH 为 12 的环境中需要 1 小时才能灭活病毒。对次氯酸钠、漂白粉和福尔马林也需要较长的时间才能够灭活。因此该病毒一旦在鸡群中发病会长时间有病毒存活中鸡舍中，很难被清理干净。

（三）流行病学

鸡和火鸡是 IBDV 的自然宿主，其他禽类暂时未有报道。所有品系的鸡均可发生感染，3～6 周龄的雏鸡最易感，且随着日龄的增加抵抗力增强。由于成年鸡法氏囊退化，很少发生性成熟后或产蛋期鸡群的感染。3 周龄以内的雏鸡发生 IBDV 感染后会引起严重的免疫抑制。

病鸡排泄的粪便中常含有大量的病毒，是该病的主要传染源，鸡群因接触了污染有 IBDV 的饲料、垫料、饮水或其他机械而造成感染发病。IBD 发病特点是潜伏期短，发病急，传播效率高，发病率和死亡率高，有典型的尖峰式死亡曲线。发病率和死亡率受鸡群的日龄、饲养密度、应激和卫生环境等因素而不同，一般的死亡率在 5%～20%，最严重的死亡率可达 70%以上。

（四）临床症状

根据临床症状差异，IBD 的临床症状可以分为典型感染和非典型感染。

典型感染：常发生于小日龄易感鸡群或新疫区，鸡群多为急性暴发。期初病鸡表现啄肛行为，不久病鸡会拉白色黏稠或水样粪便；病鸡精神萎靡，严重发病鸡头垂地，呈闭眼昏睡状态；羽毛蓬松无光泽；常蹲在角落不愿走动；鸡群饮水量和采食量下降；感染后期病鸡常因虚弱脱水衰竭死亡；鸡群死亡有明显的高峰，表现为尖峰式。

非典型感染：多发生于暴发流行后的鸡场、较强免疫力的鸡群或感染低毒力的 IBDV。主要表现为精神沉郁、食欲减退和轻度腹泻等。

（五）病理变化

典型感染：法氏囊是 IBDV 主要侵害的器官，因法氏囊的肿大、出血，体积和重量是正常法氏囊的 2～3 倍，法氏囊变圆，质地变硬，浆膜表面淡黄色胶冻样渗出物。严重者法氏囊表面纵行条纹更加明显，法氏囊由正常的白色变为紫色，外观呈“紫葡萄样”。胸肌和腿肌有不同程度的斑点状出血。法氏囊的病变可以作为感染的特征性病理变化。

非典型性感染时：法氏囊萎缩；法氏囊无出血病变；肝脏和脾脏的肿大；腺胃和肌胃交界处有溃疡或出血点。

（六）诊断

根据流行病学特点、临床症状和病理剖检变化可以对典型感染病例做出初步诊断，非典型感染往往很难确诊，如果确诊则需要实验室诊断辅助。

病毒分离：采集具有典型病变的腔上囊，剪碎，研磨，接种于 10 日龄 SPF 鸡胚的绒毛尿囊膜，培养 3～5 天后收集致死的鸡胚。观察胚体变化，可见胚体严重出血，膜增厚，膜上有白色痘斑。病毒回收检测主要在胚体组织和绒毛尿囊膜，而尿囊液需要多次传代后才有可能有病毒。通过采用免疫荧光抗体，观察细胞病变或者用其他分子生物学手段可以对病毒培养物进行鉴定，如 ELISA 或者 RT－PCR 等。

抗体检测：检测血清中或卵黄中的抗体也可以对该病做辅助诊断。常用的抗体检测方法有 ELISA 法、琼脂扩散试验法和病毒中和试验法等。

（七）预防和治疗

1. 预防

鸡舍的清洁消毒：该病毒对理化因素和消毒药都具有较强的抵抗力，因此对于发病的鸡舍一定要彻底的清洁和严格的消毒。

免疫：目前我们可选择的 IBDV 疫苗有减毒活疫苗和灭活疫苗，需要根据本地区的疫病流行动态制定符合本场的免疫程序。一般情况下商品肉鸡可以选用减毒活疫苗进行饮水免疫，种鸡则需要进行减毒活疫苗和灭活苗联合免疫的方式。

其他生物安全措施。

2. 治疗

在鸡群发生法氏囊后可以选择法氏囊高免多抗进行紧急治疗，同时选用抗生素和葡萄糖等进行对症治疗，通过这两种方式的结合可以有效地降低鸡群的死亡。

五、禽网状内皮组织增生症

（一）概述

禽网状内皮组织增殖病（Reticuloendotheliosis，RE）是由网状内皮组织增殖病病毒群（Reticuloendotheliosis virus，REV）引起鸡、火鸡和野鸡等多种禽类的一组不同临床症状的综合征，包括急性网状细胞瘤、矮小综合征和淋巴组织及其他组织的慢性肿瘤，发病鸡可能出现法氏囊和胸腺萎缩，贫血等。本身禽网状内皮组织增殖病对养禽业直接危害不严重，但是造成鸡群的免疫器官受损形成免疫抑制，严重影响了其他疫苗的免疫效果，如新城疫、禽流感和传染性支气管炎等疫苗的免疫效果，从而引起鸡群感染风险的加大。另外 REV 常常造成 SPF 鸡胚的感染，进而污染马立克氏病疫苗，痘病毒疫苗等，被污染的疫苗接种后会造成鸡群 REV 的普遍感染，可引起鸡的矮小综合征和慢性肿瘤及免疫抑制，从而造成严重的经济损失。这些现象越来越得到生物制品生产厂商的重视，随着检测技术的不断提高，REV 造成的污染也得到了有效的控制。临床上很少发生 REV 的单纯感染，一般情况下多是混合感染，如与 J 亚型 ALV 的混合感染。目前肉鸡群中很少发现由 REV 单独感染造成的急性网状细胞瘤。

（二）病原学

REV 为 RNA 病毒，在分类学上属于反转录病毒科，禽 C 型病毒属。成熟的 REV 病毒粒子呈球形，有囊膜，直径大小为 80～100 纳米，囊膜表面有直径为 6 纳米左右的纤突。根据病毒的自我复制能力可以将 REV 分为两类病毒群，完全复制型（REV－A）

和不完全复制型（REV－T）。REV－T需要辅助病毒REV－A的参与才能进行病毒复制。临床上引起矮小综合征和慢性淋巴瘤的为完全复制型禽网状内皮组织增殖病病毒，该类病毒可以通过鸡或火鸡的成纤维细胞进行分离培养。由于REV具有囊膜结构，因此对脂溶性消毒药比较敏感，在碱性条件下能够被乙醚等灭活，对热极不稳定，37℃，1小时病毒基本失去感染活性，但对紫外线有很强的抵抗力，在超低温的情况下如－70℃和－196℃能够长期保持。

（三）流行病学

自然情况下REV感染宿主包括鸡、火鸡、鹌鹑、鸭和鹅等。临床上禽网状内皮组织增殖病通常呈散发，在鸡群中并不严重。因为接种了被REV污染的疫苗后造成鸡群的感染发病是临床上最普遍的现象。REV对鸡胚或小日龄的雏鸡感染后，常常造成感染鸡的严重免疫耐受，造成后期疫苗免疫的失败。有报道显示REV可以通过昆虫或有病毒污染的器械造成鸡群中的直接或间接传播。另外REV还可以经卵造成垂直传播，但这种垂直传播发生的效率较低。

（四）临床症状

因感染的REV毒株不同和其他因素影响，临床上有多种不同表现形式。

急性网状内皮细胞增殖病：这种临床表现形式很少发生，潜伏期较短，一般为3～5天，在6～21天逐步出现死亡。

矮小综合征：由完全复制型REV毒株引起的非肿瘤病变。发病鸡一般精神沉郁，个体矮小和消瘦，发育不良，鸡冠苍白，羽毛生长异常，但是采食基本正常，个别感染鸡会出现神级症状。

慢性肿瘤：常因接种污染REV的疫苗造成，鸡群均表现出精神沉郁、食欲不振，一般很少出现临床症状。

（五）病理变化

急性网状内皮细胞增殖病：肝脏、脾脏肿大或坏死最为常见；有时候在肝脏，胰腺，肠系膜等处有局灶性肿瘤结节或弥散性肿大；偶见外周神经水肿和法氏囊萎缩。

矮小综合征：病理剖检病变主要为胸腺和法氏囊发育不全或萎缩；肝脏、脾脏肿大或坏死等；外周神经肿胀。

慢性肿瘤：可以分为鸡法氏囊淋巴瘤和鸡非法氏囊淋巴瘤。鸡法氏囊淋巴瘤剖检主要为肝脏、法氏囊和其他内脏器官有肿瘤结节或弥散性淋巴病变。鸡非法氏囊淋巴瘤主要为肝脏、脾脏和胸腺的肿大，法氏囊没有病变，外周神经肿大等。

（六）诊断

对于 RE 的诊断，除了需要进行临床症状观察和病理剖检以外，还需要检测 REV 病毒或抗体。

病毒分离：可以采集病变组织或血液进行病毒分离，鸡胚成纤维细胞是 REV 较好的宿主细胞。由于病料或血液中一般病毒含量很低，所以接种病理的细胞必须进行多次盲传才能够获得病毒。通过采用免疫荧光抗体，观察细胞病变或者用其他分子生物学手段可以对病毒培养物进行鉴定，如 ELISA 或者 RT - PCR 等。

抗体检测：检测血清中或卵黄中的抗体也可以对该病做辅助诊断。常用的抗体检测方法有 ELISA 法、琼脂扩散试验法和病毒中和试验法等。

（七）预防和治疗

预防：选用合格的其他疾病相关的疫苗，避免因接种有 REV 污染的疫苗造成疾病的感染。因该病还没有可用的商品化疫苗，对于种鸡群可以采用检测淘汰阳性鸡的方式降低鸡群的感染，最终达到净化的效果，同时需要配合严格的生物安全措施。

治疗：对于该病尚无特异性治疗方法。

第二节　细菌与寄生虫病

一、大肠杆菌病

（一）概述

鸡大肠杆菌病（chicken colibacillosis）是指由某些具有致病性血清型或条件致病性血清型的大肠杆菌（*Escherichia coli*，*E*

.coil）引起的鸡的一类疾病总称。根据引起的病症不同可以分为包括大肠杆菌性败血症、腹膜炎、肝周炎、心包炎、气囊炎、大肠杆菌性肉芽肿、输卵管炎、脐炎、滑膜炎、全眼球炎及肿头综合征等一系列疾病。该病于 1894 年最早由 Ligniers 系统报道，20 世纪中期以后，随着养禽业的发展，该病在各养禽国家的流行日益严重，呈现广泛性流行。近些年随着我国集约化养殖的不断发展，我国各地鸡群也普遍感染大肠杆菌。大肠杆菌导致发病率和死亡率不断上升，加上大肠杆菌耐药性不断加重，使得大肠杆菌病的治疗变得越来越困难，治疗费用也越来越高，严重影响了养鸡业的健康发展。

（二）病原学

大肠杆菌属于肠杆菌科、埃希氏菌属，革兰氏染色为两端钝圆的革兰氏阴性长杆菌（长约 2～3 微米，宽约 0.6 微米），无芽孢，多单个散在。鞭毛染色显示有 5～8 条鞭毛，具有运动性。

大肠杆菌为需氧或兼性厌氧，对生长条件要求不严格，在普通培养基上即可生长良好，最适生长温度为 37℃，pH 为 7.2～7.4。在普通琼脂上生长为无色或白色的菌落，在伊红美蓝琼脂培养基上为黑色具有金属光泽的菌落，在麦康凯琼脂平板上生长为红色或粉色的单菌落（0157∶H7 除外，该血清型在麦康凯琼脂平板上为无色）。大部分菌落为光滑型，直径约 1～3 毫米，边缘整齐，有颗粒样结构；粗糙型菌落通常较大，边缘不规则；黏液样菌落较大凸起，接种环刮取菌落有拉丝现象。在肉汤培养基中培养，呈现均匀浑浊状，偶见菌形成菌膜。

大肠杆菌的抗原成分较为复杂，抗原类型有菌体抗原（O 抗原）、鞭毛抗原（H 抗原）和荚膜抗原（K 抗原）。目前已经报道的 O 抗原有 180 多种，H 抗原有 60 多种，K 抗原有 80 多种。大肠杆菌血清型鉴定时主要鉴定 O 抗原和 H 抗原，如常见的 O157∶H7，O78∶H12 等。国内从鸡分离的大肠杆菌血清型众多，常见的有 O1、O2、O35 和 O78 等，同一鸡群中可能存在多个血清型的大肠杆菌。

大肠杆菌对理化因素抵抗力一般，高温很容易将大肠杆菌灭活，如60℃ 30分钟或72℃ 20分钟即可被杀灭。大肠杆菌对低温有很强的适应能力，耐受冻融破坏，在低温条件下可存活1年以上。大肠杆菌很容易获得对多种重金属和消毒药的耐药性，因此在选择消毒药时需要对大肠杆菌进行药物敏感性测定。

（三）流行病学

该病一年四季均可发生，但以冬春寒冷和气温多变季节多发。大肠杆菌是机体肠道中常在的细菌，在肠道完整性被破坏后会发生内源性感染，如鸡在发生严重的球虫病后常会继发大肠杆菌感染。大肠杆菌也会随着粪便排泄到环境中，在机体皮肤或黏膜屏障系统遭受破坏后侵入机体造成大肠杆菌感染。另外饲养管理不当，鸡舍潮湿通风不良和环境卫生较差的情况下，均可使鸡群处于亚健康状态，从而诱发大肠杆菌的感染发病。另外大肠杆菌还会经常继发于呼吸道疾病之后，如传染性支气管炎病，新城疫，传染性鼻炎等，在发病上相互作用，造成病症的加重。

各种品系和各种日龄的鸡都会发生大肠杆菌病，但一般情况下随着日龄的增加抵抗力逐渐增强，蛋鸡的抵抗力一般要强于肉鸡。大肠杆菌可以通过卵巢或输卵管感染造成垂直传播，也可以通过粪便污染蛋壳通过蛋壳膜进入蛋内造成鸡胚的感染。

（四）临床症状

根据大肠杆菌侵害的部位不同，临床症状也会常出现很大的差异，共同的症状主要为精神萎靡，食欲减退，机体消瘦，羽毛蓬乱等。侵害消化系统，鸡常会出现腹泻等症状；侵害呼吸系统会出现呼吸困难，咳嗽等症状；侵害关节则会表现为鸡关节肿胀，关节周围有脓包，鸡的跛行和瘫痪等；侵害大脑时则有可能出现神经症状，如共济失调，头颈扭转等；侵害眼睛时会出现流泪，眼睛肿胀，有时还造成瞎眼和形成干酪物等。

（五）病理变化

根据大肠杆菌侵害的部位不同，病理剖检也有很大的差异。常见的形式如下：

急性败血症：这种症状常发生于雏鸡，成年鸡则较为少见。病鸡嗉囊内充满食物，心外膜有明显小出血点。肠壁黏膜有大量黏液。心包腔有多量浆液。脾脏常出现重大。肝脏呈绿色，有时肝脏表面有白色坏死点；

气囊炎：气囊混浊、有气泡，后期气囊增厚，在气囊表面被覆有纤维性渗出物，呈黄色或者灰白色。常常继发于呼吸道病原（如NDV、IBV等）感染之后；

肝周炎型：肝脏肿大变形，早期肝脏表面有许多大小不一的坏死点，随着病程的延长肝脏表面形成一层黄色或者白色的纤维蛋白附着。严重者渗出的纤维蛋白与心脏、胃肠道常常粘连在一起；

心包炎型：剖检变化早期为心包腔中有脓性分泌物心包液浑浊，随着病程的延长心包膜增厚，在心外膜粘连在一起，心外膜上常有白色或黄色纤维蛋白附着；

输卵管炎：又称为卵黄腹膜炎，多发生于产蛋母鸡，因卵泡破裂等因素在体腔内干酪样渗出物，常与肠道或者腹膜粘连在一起，有时腹腔内还有大量的浑浊腹水；

大肠杆菌肉芽肿：在鸡的肝脏、肠系膜上出现灰白色肿瘤样的小结节，类似于结核病的肉芽肿；

关节炎型：此型多见于肉雏鸡，主要侵害附关节和趾关节，造成关节肿大，关节腔中有浑浊液体或者干酪样渗出物，在关节周围的皮肤有时也会出现脓包；

眼炎：临床上较为少见，一般为单侧眼睛出现积脓或瞎眼，后期眼中会出现黄色或白色的纤维蛋白渗出物；

肿头综合征：肿头综合征是鸡头部皮下组织及眼眶急性感染发蜂窝组织炎症。病鸡头部肿大，切开头部皮肤常见胶冻样渗出物，后期逐步变为干酪样；

鸡胚或雏鸡早期死亡：常因蛋壳污染粪便或母鸡患有输卵管炎和卵巢炎造成。剖检可见卵黄囊变大，卵黄吸收不良，卵黄变成黄绿色黏稠样或棕色水样。病死的雏鸡常发生脐炎，脐部肿大，闭合不全，病程长者有时可以看到心包炎和肝周炎。

（六）诊断

根据流行病学、临床症状和病理变化可做出初步诊断。因大肠杆菌病临床症状和病理变化，常与其他疾病混淆，因此确诊需要进行细菌分离鉴定，并且需要结合致病性试验确定分离株的致病性这样的诊断结果才更有意义。

（七）预防和治疗

1. 预防

大肠杆菌是一种条件性致病菌，大肠杆菌病的发生常与各种诱发因素有关，包括其他病原的感染，应激，饲养管理不当等各种因素。因此加强饲养管理，提高机体的免疫力，控制其他疾病的感染是预防该病的重要前提。对于种蛋需要每日高频多次收集种蛋，并及时消毒，在种蛋存储期也要注意种蛋的卫生，防止大肠杆菌侵入到蛋内造成感染。另外对于大肠杆菌血清型众多，不同血清型之间的交叉保护力有限，同时大肠杆菌疫苗的免疫原性较差，因此目前还没有一种具有较好保护力的通用疫苗可供选择。

2. 治疗

鸡群感染大肠杆菌后可选择合适的抗生素进行治疗，但因大肠杆菌对抗生素极其容易产生耐药性，因此在抗生素选择前最好对分离的大肠杆菌进行药物敏感性测定。常用的药物敏感性测定的方法包括药敏纸片法、琼脂稀释法和微量稀释法等。另外在药物使用时要经常交替使用不同类型的抗生素，降低大肠杆菌产生耐药性的风险。

二、鸡白痢

（一）概述

鸡白痢（pullorum disease，PD）是由鸡白痢沙门氏菌（*Salmonella pullorum*，SP）引起的一种家禽传染病。沙门氏菌主要侵害 2～3 周龄的雏鸡，偶尔也见成年鸡急性感染的报道。在雏鸡上，主要以白痢、衰竭和败血症为特征，部分鸡群会出现大批死亡。成年鸡感染后多呈慢性经过或不显症状成为隐性感染者，隐性感染者可将病原垂直传播给下一代使得雏鸡感染发病甚至死亡。沙门氏菌感染种鸡后，可在其巨噬细胞内长期存活。种鸡性成熟后，沙门氏菌可在卵巢、输卵管、睾丸等性器官定殖，并产生持续高水平的凝集抗体。在种鸡性成熟后采用鸡白痢凝集抗原检测血清抗体，淘汰阳性种鸡，可以有效减少传染源。

美国从上个世纪 30 年代开始，就采用检测淘汰阳性鸡的方法建立阴性鸡群，到 80 年代，美国已经基本上实现了鸡白痢沙门氏菌的净化。除了美国之外，加拿大、澳大利亚、法国、西班牙、韩国、日本等也采用了类似的方式实现了鸡白痢的净化。我国虽然在上个世纪 80 年代提出了“两白一支（禽白血病、鸡白痢、支原体）”净化计划，但是由于检测抗原的敏感性和特异性要求高、净化需要大量的经济投入、生物大环境存在很严重的细菌感染、种禽行业管理不严等综合因素，目前很多种鸡场鸡白痢净化工作不达标。国务院发布的《国家中长期动物疫病防治规划（2012—2020）》中就明确提出了种禽四大疾病的净化，沙门氏菌（含 SP）净化可能是难度最大的一项。

（二）病原学

沙门氏菌属于沙门氏菌属，与同属的鸡伤寒沙门氏菌都具有高度的宿主适应性。沙门氏菌在 Kauffman-white 分类体系中，属于 D 群沙门氏菌，同群常见的沙门氏菌还包括伤寒沙门氏菌（SG）和肠炎沙门氏菌（SE）等。沙门氏菌革兰氏染色为两端钝圆的革兰氏阴性短杆菌（长约 1～1.5 微米，宽约 0.3～0.5 微米），无芽孢，多单个散在。鞭毛染色显示无鞭毛，不具有运动性。沙门氏菌只有一个血清型，但是根据 O 抗原的差异，沙门氏菌菌株分为标准株（O121 含量远远少于 O123）、变异株（O121 含量远多于 O123）和中间株（O121 含量和 O123 基本相当）。

沙门氏菌为需氧或兼性厌氧，与其他沙门菌比较，沙门氏菌缺乏氧化利用各种氨基酸的能力所以生长比较缓慢，在琼脂表面上形成的菌落较小，直接在 1 毫米左右。最适生长温度为 37℃，pH 为 7.2～7.4。在普通琼脂上生长为无色或白色的小菌落，在麦康凯琼脂平板上生长为无色的小菌落；在亚硫酸铋琼脂上为棕色小菌落；在沙门氏菌显色琼脂平板上生长为紫色小菌落。在肉汤培养基中培养，呈现均匀浑浊状。

急性鸡白痢以全身感染为特征，从大多数组织中容易分离到细菌。但是，雏鸡早期大量的抗生素应用会导致沙门氏菌分离率急剧下降。雏鸡感染一般会涉及的脏器包括肝脏、脾脏、盲肠，因此这些组织是分离细菌的重要选择。部分表现出关节肿胀或者神经症状的鸡群，在其关节液或者脑组织中也可分离到沙门氏菌。对于成年鸡，在有病理变化的生殖器官如睾丸和变性的卵子中也可分离到沙门氏菌菌株，另外胆汁、肝脏、脾脏和盲肠淋巴结等也可以作为成年禽进行沙门氏菌分离的组织。挑取在选择性培养基上面具有典型形态特征的细菌，可以通过多种方式进行进一步鉴定，鉴定方式包括生化鉴定、PCR、血清学鉴定和动物回归试验等。

沙门氏菌对理化因素抵抗力一般，高温很容易将其灭活，如72℃，20 分钟即可被杀灭。在自然环境中能够存活较长时间，在动物尸体中能够存活 3 个月以上。常用的消毒如福尔马林，苯酚溶液和来苏儿很容易将其杀死。

（三）流行病学

沙门氏菌能够感染多种禽类，包括鸡、火鸡、鸭、鹅、鸽子和野鸡等，但鸡和火鸡是沙门氏菌最主要的自然宿主，一般情况下一旦感染则会终身带毒。各个品种和各种日龄的鸡对该病都有易感性，2～3 周内的雏鸡发病率和死亡率最高，常呈流行性爆发，严重者死亡率可达 50％以上。随着日龄的增加发病率和死亡率显著下降，成年鸡一般为一过性感染，无明显的临床症状。不同品种和不同性别对该病的易感性存在差异，如乌骨鸡是极易感染的品种，公鸡的感染率要低于母鸡这个可能与沙门氏菌在生殖系统的定值差异有关。该病可以通过感染种蛋进行垂直传播，在孵化期间沙门氏菌也可以通过感染雏水平传播给未感染雏。另外沙门氏菌也可以通过污染的粪便等在鸡群中水平传播。

（四）临床症状

鸡白痢又称为雏白痢，是主要引起雏鸡发病的一类传染病，成年鸡通常情况下不表现出临床症状。垂直传播的雏鸡在出壳后会比较虚弱，可发生突然死亡的现象。通常情况下病鸡精神沉郁，羽毛蓬松，怕冷扎堆，食欲下降。拉白色稀粪，肛周羽毛被粪便污染，严重者会将肛门糊住，病鸡排便时会因痛苦而怪叫。有时沙门氏菌感染还会波及肺部，造成呼吸困难。沙门氏菌还能够侵入脑部，病鸡进而会表现出神经症状，有时病鸡还会出现关节肿胀和跛行。耐过鸡与正常鸡相比生长缓慢，体型较小，体重差异较大。成年鸡感染沙门氏菌后一般不表现明显或仅有轻微的临床特征，表现为精神萎靡，采食量下降和腹泻等。沙门氏菌感染还可以造成产蛋鸡不同程度产蛋下降和受精率与孵化率下降。

（五）病理变化

急性死亡的雏鸡往往没有典型的病变。病程稍长的雏鸡卵黄吸收不良，卵黄变为黄绿色黏稠状；心脏、肺脏等内脏器官会有坏死结节；脾脏肿大；肝脏大量针尖状坏死点，该病变是沙门氏菌感染最易出现的病理变化；偶尔可见心包炎和肝周炎的形成；具有神经症状的病雏脑部会充血；感染关节的雏鸡关节剖检会有炎性渗出物或干酪物。成年隐性感染带菌母鸡最主要的病变是卵巢，有些会出现卵巢发育不良；卵子变形和变色，破裂的卵子会造成卵黄性腹膜炎的发生；肝脾肿大，有坏死灶。

（六）诊断

根据流行病学、临床症状和病理变化可对该病做出初步诊断。如果需要确诊则需要进行细菌分离培养鉴定，同时抗体检测也可以作为辅助方法。常用的抗体检测方法有全血凝集试验、试管凝集试验、快速血清凝集试验和微量凝集试验。

（七）预防和治疗

1. 预防

该病主要通过种蛋垂直传播，因此可以通过对鸡群进行检测，淘汰阳性鸡，达到净化的目的。

严格的生物安全措施：如对投入品（水、料和药）的细菌污染控制，媒介生物的控制，机械传播的控制等。

2. 治疗

鸡群感染沙门氏菌后可选择合适的抗生素进行治疗，如多西环素、氟苯尼考等。因沙门氏菌为一种细胞内的寄生菌，在杀灭血液或体液中的细菌后停止使用药物，胞内的寄生菌会在应激等情况下再次释放出来造成鸡群的反复感染。另外植物精油、酸制剂、微生态制剂和噬菌体等在治疗沙门氏菌感染的过程中也有一定的作用。

（八）鸡白痢净化

黄羽肉鸡由于自身的育种特点需要大量的育种品系（或素材），因此相较于蛋鸡和白羽肉鸡需要采取不同的净化方式，黄羽肉鸡种鸡核心群的鸡白痢净化不单是对单个品系或部分品系进行净化，而必须以场为单位开展整场净化工作。

1. 感染水平检测

黄羽肉种鸡基本未开展鸡白痢沙门菌的净化工作，各个品系的鸡白痢感染水平差异较大，需要结合鸡群的不同感染水平，制定差异化净化方案。首先对黄羽种鸡育种场核心群所有品系种鸡，进行各个阶段的鸡白痢感染水平调查，包括0日龄、6周、12周、18周、24周、36周、40周、45周和50周。采集所有品系鸡的血清，采用血清玻板凝集试验的方法进行感染水平的调查，具体操作参考附录B。根据感染水平将鸡群进行分类，具体如下表：

表5-1 鸡白痢感染水平分类

感染水平	判定标准	处理方式
类型一	阳性率＞50％	淘汰整个育种鸡群
类型二	20％＜阳性率＜50％，强阳性率＞20％	淘汰强阳性种鸡；药物控制
类型三	阳性率≤20％，疑似率＋阳性率＞20％	淘汰阳性种鸡
类型四	疑似率＋阳性率≤20％	淘汰阳性和可疑

2. 感染水平为类型一时的处理方式

对于流调结果抗体阳性率超过50%的鸡群，立即淘汰整个育种鸡群。

3. 感染水平为类型二时的处理方式

(1) 12周龄鸡群的检测与淘汰

①鸡群血清样品采集和检测

在12周，对核心群每一只种鸡进行采血制备血清。采用血清玻板凝集试验的方法进行鸡白痢抗体检测，具体操作流程和判定方法参考附录A和附录B。

②检测后鸡群的处理

经血清玻板凝集试验检测为强阳性的鸡应及时淘汰并做无害化处理。对检测为阳性和疑似鸡群单独挑出进行药物控制，在药物控制2周后进行复检，检测仍为阳性或转为强阳性鸡淘汰，转为阴性或可疑鸡群留养。所有留养鸡群单独饲养。

(2) 开产前鸡群检测与淘汰

①鸡群血清样品采集和检测

在18周，对核心群每一只种鸡进行采血制备血清。采用血清玻板凝集试验的方法进行鸡白痢抗体检测，具体操作流程和判定方法参考附录A和附录B。

②检测后鸡群的处理

经血清玻板凝集试验检测为强阳性的鸡应及时淘汰并做无害化处理。对检测为阳性和疑似鸡群单独挑出进行药物控制，在药物控制2周后进行复检，检测仍为阳性或转为强阳性鸡淘汰，转为阴性或可疑鸡群留养。所有留养鸡群单独饲养。

(3) 纯繁前鸡群检测与淘汰

①鸡群血清样品采集和检测

纯繁前，对核心群每一只种鸡进行采血制备血清。采用血清玻板凝集试验的方法进行鸡白痢抗体检测，具体操作流程和判定方法参考附录A和附录B。

②检测后鸡群的处理

经血清玻板凝集试验检测为强阳性的鸡应及时淘汰并做无害化处理。对检测为阳性和疑似鸡群单独挑出进行药物控制，在药物控制2周后进行复检，检测仍为阳性或转为强阳性鸡淘汰，转为阴性或可疑鸡群留养。所有留养鸡群单独饲养。

4. 感染水平为类型三时的处理方式

(1) 周龄鸡群的检测与淘汰

①鸡群血清样品采集和检测

在12周，对核心群每一只种鸡进行采血制备血清。采用血清玻板凝集试验的方法进行鸡白痢抗体检测，具体操作流程和判定方法参考附录A和附录B。

②检测后鸡群的处理

经血清玻板凝集试验检测为阳性的鸡应及时淘汰并做无害化处理。对检测为阴性的鸡群单独饲养。根据选留数量要求对可疑鸡群进行不同处理，如果预留淘汰空间充足则疑似鸡一并淘汰，如果预留淘汰空间不足则单独饲养两周后进行复检，复检为阴性则保留，为疑似或阳性则淘汰。所有留养鸡群单独饲养。

(2) 开产前鸡群检测与淘汰

①鸡群血清样品采集和检测

在18周，对核心群每一只种鸡进行采血制备血清。采用血清玻板凝集试验的方法进行鸡白痢抗体检测，具体操作流程和判定方法参考附录A和附录B。

②检测后鸡群的处理

经血清玻板凝集试验检测为阳性的鸡应及时淘汰并做无害化处理。对检测为阴性的鸡群单独饲养。根据选留数量要求对可疑鸡群进行不同处理，如果预留淘汰空间充足则疑似鸡一并淘汰，如果预留淘汰空间不足则单独饲养2周后进行复检，复检为阴性则保留，为疑似或阳性则淘汰。

(3) 纯繁前鸡群检测与淘汰

①鸡群血清样品采集和检测

纯繁前，对核心群每一只种鸡进行采血制备血清。采用血清玻板凝集试验的方法进行鸡白痢抗体检测，具体操作流程和判定方法参考附录A和附录B。

②检测后鸡群的处理

经血清玻板凝集试验检测为阳性的鸡应及时淘汰并做无害化处理。对检测为阴性的鸡群单独饲养。根据选留数量要求对可疑鸡群进行不同处理，如果预留淘汰空间充足则疑似鸡一并淘汰，如果预留淘汰空间不足则单独饲养两周后进行复检，复检为阴性则保留，为疑似或阳性则淘汰。

5. 感染水平为类型四时的处理方式

(1) 12周龄鸡群的检测与淘汰

①鸡群血清样品采集和检测

在12周，对核心群每一只种鸡进行采血制备血清。采用血清玻板凝集试验的方法进行鸡白痢抗体检测。

②检测后鸡群的处理

经血清玻板凝集试验检测为阳性和疑似鸡应及时淘汰并做无害化处理。对检测为阴性的鸡群单独饲养。

(2) 开产前鸡群检测与淘汰

①鸡群血清样品采集和检测

在18周，对核心群每一只种鸡进行采血制备血清。采用血清玻板凝集试验的方法进行鸡白痢抗体检测，具体操作流程和判定方法参考附录A和附录B。

②检测后鸡群的处理

经血清玻板凝集试验检测为阳性和疑似鸡应及时淘汰并做无害化处理。对检测为阴性的鸡群单独饲养。

(3) 纯繁前鸡群检测与淘汰

①鸡群血清样品采集和检测

纯繁前，对核心群每一只种鸡进行采血制备血清。采用血清玻板凝集试验的方法进行鸡白痢抗体检测。

②检测后鸡群的处理

经血清玻板凝集试验检测为阳性和疑似鸡应及时淘汰并做无害

化处理。对检测为阴性的鸡群单独饲养。

6. 净化周期启动与维持

(1) 净化周期的启动

可根据种鸡群鸡白痢感染水平和所处时期参考 3～5 任何一个时间节点启动鸡白痢净化程序。下一世代按照 3～5 的要求进行新一世代的净化。

(2) 净化效果的评估

在同一世代三个不同检测节点逐一检测，当鸡群鸡白痢抗体阳性率均小于 0.1%时，则鸡群达到净化的目的，从而进入净化维持期。

(3) 净化维持期

进入净化维持期，公鸡仍然每一只采血检测。母鸡群在鸡群数量小于 200 只时全群检测，当鸡群数量大于 200 只时参考（CL=95%，P=0.5%）进行抽样检测。当鸡群在任一检测点阳性率高于 0.1%时则重新进行全群检测。

7. 生产管理关键点控制

(1) 种蛋的选留

对进行过 3～5 三个不同阶段检测淘汰阳性鸡后选留的阴性鸡群，按照家系的方式进行配种和收集种蛋。在此过程中一只母鸡只选用来源于一只公鸡的精液进行输精。所有收集的种蛋进行编号，并与相应的亲本信息相对应。每天上下午各收集一次种蛋，对收集的种蛋送入熏蒸房进行甲醛熏蒸消毒（见附录 C）。根据血清检测结果将鸡群分为高中低阳性群，消毒完成后种蛋分类放入不同的蛋库进行保存。

(2) 孵化出雏环节

鸡白痢除可垂直传播，还可以水平传播，尤其是在刚出壳苗鸡之间的相互接触。因此孵化时一定要建立严格的隔离设施，采用箱体机孵化单批次只孵化一个品系。孵化出雏环节管理要求均符合标准 DB32/T 2219—2012。在 0 日龄不进行公母鉴别，降低因鉴别增加鸡白痢水平传播的风险。

(3) 育雏期管理

不同感染率的鸡群后代尽量放置在不同育雏舍内，如条件有限，只能放在一个育雏舍内，必须区域相对分开，高阳性率鸡群放在下风口，相邻笼位中间采用塑料板进行隔离降低鸡白痢的水平传播。对于育雏早期鸡白痢传播高风险的阶段，选择合适的抗生素进行预防用药，降低鸡白痢的传播风险，抗生素选择参考实验室的细菌分离和药敏实验检测结果。粪便是鸡白痢沙门氏菌传播的最重要的传染源，要加强育雏期间的粪便管理，及时清理粪便并定期进行消毒。

(4) 人工输精管理

每只公鸡精液给固定的母鸡群体输精，每只母鸡每次使用一只灭菌后的输精枪头。

(5) 免疫

注射免疫时采用一只鸡一个针头的方式，降低鸡群因免疫针头造成鸡白痢水平传播的风险。

(6) 鸡群在不同场舍流通

适用于鸡群在鸡白痢病感染程度有差异场舍之间发生转群时；从感染率高的鸡舍到感染率低的鸡舍必须进行鸡白痢的检测；检测淘汰所有阳性鸡后，将阴性鸡群再进行转群操作。

8. 生物安全控制

(1) 媒介生物控制

老鼠控制：定期请灭鼠公司对种鸡场进行灭鼠。采用“粉迹法”，每个月对种鸡场内各个区域进行鼠密度监测，包括鸡舍、料库、附属房舍、生活区等。粉块布置数量按照建筑室内面积进行计算，大于50平方米的沿室内墙根每隔5米布放一个20厘米×20厘米的滑石粉块，小于50平方米的按照在内墙根每一边布置一个粉块。粉块布置时间在当日鸡舍所有工作结束后。第二天早上进行阳性粉块计算，阳性粉块是指该粉块上有鼠迹，粪便。粉剂法鼠密度=阳性粉块数/总粉块数 * 100%。当鼠密度“超过5%”或者“连续2个月小于5%但大于0”或者“连续6个月为0”时，都需要请厂家再次灭鼠。

鸟类控制：在鸡舍开放处加设防鸟网，防止鸟类进入鸡舍。

蚊蝇控制：在蚊蝇滋生季节消除场区内的滋生地，并对鸡舍内外进行灭蚊和灭蝇。

(2) 水源控制

饮用水控制：饮用水需要达到 NY 5027—2008 无公害食品 畜禽饮用水水质相关标准要求。参考 NY/T 536—2017 鸡伤寒和鸡白痢诊断技术同时对饮用水进行鸡白痢沙门菌监测。

消毒水和湿帘用水检测：参考 NY/T 536—2017 鸡伤寒和鸡白痢诊断技术对消毒水和湿帘循环水进行鸡白痢沙门菌监测。

粪便检测：参考 NY/T 536—2017 鸡伤寒和鸡白痢诊断技术对粪便进行鸡白痢沙门菌监测。

(3) 饲料控制

按照 NY 5032—2006 无公害食品 畜禽饲料和饲料添加剂使用准则的相关要求制备种鸡料，严格限制动物蛋白的使用降低疫病感染风险，同时饲料采用高温制粒的方式制备，保证成品饲料中无沙门菌污染。种鸡料由饲料场转运至种鸡场时在料库采用甲醛按照熏蒸消毒。同时参考 NY/T 536—2017 鸡伤寒和鸡白痢诊断技术对饲料进行鸡白痢沙门菌监测。对于有条件的场区采用料塔料线的方式进行供料，降低因饲料暴露造成的二次污染。

9. 药物控制

在特定阶段参考 NY/T 5030—2016 无公害农产品 兽药使用准则要求进行药物的合理使用和记录。

10. 其他防疫要求

参考 NY/T 5339—2017 无公害农产品 畜禽防疫准则（现行）对人、车、物进行消毒防疫。同时建立种鸡群相关生产档案，对种鸡场进行免疫和免疫检测等。

附 录 A
（规范性附录）
种鸡群血清采集

A.1 采样前准备

A.1.1 离心管盒准备：

1）离心盒每次使用之前应进行浸泡消毒处理；

2）离心盒侧面用记号笔标注盒号；

A.1.2 离心管（1.5 毫升）：每个离心盒内 92 个离心管，每个离心管盖上标号 1－92，纸质版和电子版登记相对应的鸡只翅号。

A.2 静脉采血：

A.2.1 准备物品：1 毫升一次性注射器、100 孔离心管盒、1.5 毫升离心管、保温箱（泡沫箱）、登记表、记号笔、普通油性笔、手套等。

A.2.2 采样人员分组（4 人一组）：

4 人（A/B/C/D），员工 A 负责抓鸡、读翅号（笼号或脚号）、保定；员工 B 将注射器插入静脉内采血 0.5 毫升后，采血后用大拇指压住插针处的静脉。员工 C 卸下针头，将血沿着离心管内壁缓慢注入后盖好，将离心管放入离心管盒。员工 D 负责放样、编号、登记，每 20 个样品核对数量是否吻合。

A.3 血清析出和保存

A.3.1 在每一盒样品采集好后送至实验室，在恒温培育箱中 37℃放置 2～4 小时；

A.3.2 将未有血清析出的样品采用离心机转速 10 000 转/分钟，离心 5 分钟分离血清；

A.3.3 对于通过离心仍未析出血清的样品再次对照采样记录表编号进行再次采血；

A.3.4 分离好的血清放置在 4～8℃冰箱中保存，并及时送至检测中心进行鸡白痢抗体检测，保存时间不得超过 3 天。

附　录　B

(规范性附录)

血清玻板凝集试验

B.1　检测前准备

B.1.1　样品和抗原准备：提前至少30分钟将样品和抗原放在室温（25～28℃）情况下进行预温；

B.1.2　抗原检测：采用标准强阳性血清、弱阳性血清和阴性血清、临床血清对检测抗原进行标定，每批次抗原至少一次，结果异常或不同批次的抗原必须重新标定，两次均不合格的禁用；

B.1.3　玻板清洁：玻板在每批次检测前必须进行清洗和烘干（清洗剂→自来水冲洗→浸泡0.1%稀盐酸→自来水→烘干），并放置在干净的收纳箱内，放置超过一个星期的玻板在使用前必须进行重新清洗和烘干；

B.1.4　检测室温度：将检测室温度保持在25～28℃。

B.2　鸡白痢凝集试验操作

B.2.1　检测方法和流程：

(1) 用滴管在洁净的玻璃板上加上一排抗原（10个），加抗原时保持滴管垂直滴加1滴（25μl）；

(2) 从第一个抗原开始依次加入与抗原等量的血清，并将血清与抗原混合均匀，同一方向小心摇晃板子至少20次，让血清与抗原充分混合反应；

(3) 结果判定：室温下2分钟内判定结果：

B.2.2　检测结果判定标准

＋＋＋＋：出现大的凝集块，液体完全清亮透明，即100%凝集；

＋＋＋：有明显的凝集片，液体几乎完全透明，即75%凝集；

＋＋：有凝集片，液体不甚透明，即50%凝集；

＋：液体浑浊，有小的颗粒状物，即25%凝集；

－：液体均匀浑浊。

B.3　鸡白痢凝集试验平行对比

B.3.1　每个月进行一次盲样平行检测对比试验，降低所有检测技术员之间的操作和判定的差异。

B.3.2　对同一批鸡来源的样品：开始检测和结束检测时，安排人对现场不同检测技术员的结果的吻合度抽样安排检查或他人抽样复检，排除人为操作过程造成的误差。

附　录　C
（规范性附录）
甲醛熏蒸管理规定

C.1　种蛋甲醛熏蒸消毒标准

C.1.1　准备用具

36%～40%浓度的甲醛、电磁炉、电磁炉锅（要求：广口、平底，容量大于 4 000 毫升）。

C.1.2　甲醛浓度与用量

1）使用 36%～40%浓度的甲醛，不要加水。

2）根据种蛋（或入孵蛋）熏蒸间的体积，每立方米使用 16 毫升甲醛（即：16 毫升/立方米）。

3）使用过的甲醛不再回收利用。

C.1.3　准备工作

1）测量核算好种蛋（或入孵蛋）熏蒸间的体积。

2）计算好甲醛使用量。

3）对使用操作方法和注意事项组织全体员工进行培训，并张贴于对应区域。

4）将电磁炉放置在指定位置。

5）种蛋与电磁炉的间距必须≥80 厘米，绝不允许用易燃物品作为电磁炉垫架（如苗鸡箱、蛋箱等），电磁炉周围 1 米的区间范围内不能有易燃易爆物品（如纸板、酒精等），电磁炉与天花板的间距必须≥1.8 米。

6）与电磁炉连接的电线开关必须安装漏电保护器（漏电时会自动跳闸）。

C.1.4 电磁炉消毒方法与要求

甲醛消毒用量	电磁炉使用个数	功率	消毒要求	排风要求
16 mL/m^3× 熏蒸间体积（m^3）	自定	自定	必须烧完 规定的用量	消毒结束后至少闷 30min 才能开启风机排风

1）电磁炉的使用功率、个数和具体消毒时间，由各厂依据本厂熏蒸间的实际体积与甲醛消毒用量进行测试确定，只需保证规定的甲醛消毒用量在 20 分钟内烧完。

2）消毒结束后甲醛的剩余量越少越好，但要保证电磁炉的锅不被烧干。

3）消毒开始到开启风机排风的时长为：30 分钟。

C.1.5 消毒操作步骤

1）将待熏蒸消毒的种蛋（或入孵蛋）推入熏蒸间（种蛋表面必须干燥；若表面带有水汽，需等水汽干燥后才能消毒）。

2）按照用量准备好甲醛，放入锅内。

3）检查电磁炉周边情况，确保安全。

4）设定好电磁炉加热消毒时间和排风机开启排风时间。

5）消毒完毕后关闭电磁炉电源开关，做好电磁炉卫生清洁与存放管理（干燥、不受压）。

C.2 生产用具及车间甲醛熏蒸消毒标准

C.2.1 准备用具

36%～40%浓度的甲醛、电磁炉、电磁炉锅（要求：广口、平底，容量大于 4 000 毫升）。

C.2.2 甲醛浓度与用量

1）使用 36%～40%浓度的甲醛，不要加水。

2）根据熏蒸间的体积，每立方米使用 16 毫升甲醛（即 16 毫升/立方米）。

3）使用过的甲醛不再回收利用。

C.2.3 准备工作

1）测量核算好熏蒸间的体积。

2）计算好甲醛使用量。

3）对使用操作方法和注意事项组织全体员工进行培训，并张贴于对应区域。

4）将电磁炉放置在指定位置。

5）绝不允许用易燃物品作为电磁炉垫架（如苗鸡箱、蛋箱等），电磁炉周围1米的区间范围内不能有易燃易爆物品（如纸板、酒精等），电磁炉与天花板的间距必须≥1.8米。

6）与电磁炉连接的电线开关必须安装漏电保护器（漏电时会自动跳闸）。

C.2.4　电磁炉消毒方法与要求

甲醛消毒用量	电磁炉使用个数	功率	消毒要求	排风要求
16 mL/m^3×熏蒸间体积（m^3）	自定	自定	必须烧完规定的用量	消毒结束后至少闷30 min才能开启风机排风

1）电磁炉的使用功率、个数和具体消毒时间，由各厂依据本厂熏蒸间的实际体积与甲醛消毒用量进行测试确定，只需保证规定的甲醛消毒用量烧完。

2）消毒结束后甲醛的剩余量越少越好，但要保证电磁炉的锅不被烧干。

3）消毒结束后，不能立即排风；至少密闭闷30分钟才能开启风机排风

C.2.5　消毒操作步骤

1）将待熏蒸消毒的生产用具推入熏蒸间。

2）按照用量准备好甲醛，放入锅内。

3）检查电磁炉周边情况，确保安全。

4）设定好电磁炉加热消毒时间和排风机开启排风时间。

5）消毒完毕后关闭电磁炉电源开关，做好电磁炉卫生清洁与存放管理（干燥、不受压）。

三、鸡支原体病

（一）概述

支原体又称为霉形体，引起鸡发生支原体病的主要有鸡毒支原体（*Mycoplasma gallisepticum*，MG）和滑液支原体（*Mycoplasma synoviae*，MS）两种。鸡毒支原体引起的慢性呼吸道病曾经是危害养鸡业最重要的疾病之一，但近几年因滑液支原体造成的以瘫鸡为典型临床症状的疾病所造成的损失可能已经超过了鸡毒支原体。鸡毒支原体和滑液支原体引起的支原体病目前在世界范围内普遍流行，几乎所有的养鸡国家和地方都有报道。鸡毒支原体和滑液支原体感染后，肉鸡主要表现为生长发育不良，饲料利用率下降，产蛋鸡表现为产蛋率下降，破壳蛋和沙壳蛋增加等经济损失。

慢性呼吸道病是由鸡毒支原体引起的鸡的一种接触性的传染病。主要特征是上呼吸道感染，并蔓延至气囊，造成气囊增厚和形成湿性或干酪样渗出物。感染鸡群表现为咳嗽、流鼻涕、张口呼吸等，鸡群感染后病程一般比较长。

滑液支原体引起的亚临床症状主要为呼吸道感染，鸡群表现为咳嗽、呼吸湿罗音等。随着病程的延长有时会转为全身性感染，导致传染性滑膜炎和关节炎的发生，表现为关节肿大、跛行、滑液囊和腱鞘发炎，全身性感染常发生于5～14周的雏鸡或育成鸡，成年鸡传染性滑膜炎较少发生或临床症状轻微。另外不同品系的鸡临床症状差异较大，往往重体型鸡的发病率和死淘率要高于轻体型的鸡，纯种鸡感染率和发病率要严重于杂交鸡。

（二）病原学

鸡毒支原体和滑液支原体都为支原体的一种，革兰氏染色为阴性，直径约0.2～0.5微米，无细胞壁结构，因此具有高度的多形性，能够通过滤器的过滤。采用姬姆萨染色和瑞氏染色着色良好。目前为止鸡毒支原体和滑液支原体都只有一个血清型，但是不同血清型之间的致病力、抗原性和耐药性都有很大的差异。

鸡毒支原体和滑液支原体都为需氧或兼性厌氧，两者对培养基的要求都很高，在培养过程中需要在基础培养基中加入猪血清或者马血清、辅酶和葡萄糖等促进生长。另外还需要在配置好的培养基中加入青霉素或醋酸铊用于抑制其他细菌的生长。一般情况下需要培养3～7天，滑液支原体有时候需要培养14天，可以通过在培养基中加入的酚红颜色的变化来判断。鸡毒支原体和滑液支原体对鸡胚有很好的适应性，在进行病原分离时可以先通过鸡胚接种复壮后再到培养基中分离。在固体培养基上培养3～7天可形成边缘整齐，中间凸起的露滴样小菌落，通过显微镜放大观察可以看到"煎鸡蛋"样形态。

鸡毒支原体和滑液支原体对理化因素抵抗力较弱，阳光直射即可迅速杀灭，对紫外线敏感，常用的消毒剂都能够将鸡毒支原体和滑液支原体杀死。在培养基或卵黄中在－80℃可以保存多年，－20℃可以保存1～2年。

（三）流行病学

鸡毒支原体和滑液支原体引起鸡的支原体病可以发生在一年四季各个季节，但是以秋冬季和冬春季发病率较高，饲养管理差，通风不良等经常会成为该病的诱发因素。各种日龄的鸡都能够发生鸡毒支原体和滑液支原体的感染，其中以小日龄感染率和发病率较高，其中鸡毒支原体以4～8周龄为主，滑液支原体以5～14周龄为主，成年鸡一般为隐性感染。传染源主要为发病鸡或隐性带菌鸡，水平传播效率极高，在高密度饲养的肉鸡群中在第一只鸡感染后到全群感染仅仅需要2周的时间。同时鸡毒支原体和滑体支原体都可以通过种蛋垂直传播给下一代，孵化出雏鸡可以将病原水平传播给其他鸡。鸡毒支原体和滑液支原还经常与其他病原混合感染如大肠杆菌、新城疫和低致病性禽流感等，从而加重鸡的发病率和死亡率，给养鸡带来严重的经济损失。

（四）临床症状

1. 鸡毒支原体

潜伏期较长，一般为7～21天，该病多为慢性经过，病程可持续数月。感染鸡毒支原体后呼吸道症状最常见，根据感染毒株的致病力差异、饲养管理水平、机体抵抗力和是否有其他病原混合感染而表现出严重程度不同。发病初期，常有饲料或垫料黏附在鼻孔周围，随着病程的发展，病鸡呼吸困难，咳嗽，气管内有呼吸啰音。病鸡生长停滞，精神萎靡，逐渐消瘦。后期鼻腔和眶下窦常因有大量浓稠的液体或干酪物挤压影响，造成鸡的瞎眼。产蛋鸡常见采食量下降，产蛋率下降，沙壳蛋和薄壳蛋比例增加，种蛋受精率和孵化率下降，弱雏增加。单纯鸡毒支原体感染一般死亡率较低，但是混合其他病原感染可能会引起较高的死亡率。

2. 滑液支原体

与鸡毒支原体一样，潜伏期较长，会引起鸡毒支原体相似的呼吸道症状。同时感染的鸡还会出现关节、爪垫肿胀，跛行，病程较长的鸡常因趴在地上而伴有胸骨囊肿。同样感染滑液支原体后也会造成产蛋鸡的产蛋率下降，异常蛋比例增加等。

（五）病理变化

1. 鸡毒支原体

剖检病理变化主要在呼吸系统，鼻腔、气管、支气管中会有大量黏性分泌物，有时会有气管黏膜出血。感染早期气囊轻度浑浊，有气泡，不透明等，随着病程的延长，气囊增加，有白色或黄色的干酪样渗出物，气囊粘连等。鼻腔和眶下窦中常有干酪物，眼结膜出血潮红，眼球萎缩等。伴发其他细菌感染时可见心包炎、肝周炎和输卵管炎等。

2. 滑液支原体

滑液支原体引起的呼吸道病理变化与鸡毒支原体基本一致。另外全身感染的鸡还会出现关节肿胀，剖开里面会有清亮或浑浊黏稠的液体，随着病程延长变为黄色干酪样。病程长者切开胸部皮肤常见胸骨处有黄色或白色囊肿。

（六）诊断

根据流行病学、临床症状和病理变化可对该病做出初步诊断。如果需要确诊则需要进行细菌分离培养鉴定或典型组织病料进行分子生物学诊断（如 PCR，RT－PCR 等），同时可以采用玻板凝集实验和ELISA方法进行抗体检测。

（七）预防和治疗

1. 预防

疫苗免疫：鸡毒支原体防控目前国内外使用的疫苗包括活疫苗（TS-11，F株和6/85等）和灭活苗两种，疫苗的使用可以降低鸡群感染野毒的风险，降低鸡群感染后对生产性能造成的损失，同时疫苗的使用还可以降低垂直传播比例，提高后代苗鸡的质量。滑液支原体目前可供选择的疫苗只有澳大利亚生物资源公司的减毒活疫苗MS-H，该疫苗的使用有严格的剂量要求，同时免疫鸡群不能存在野毒感染，因此在目前国内鸡群的高感染情况下使用效果往往不好。

净化：对鸡群进行检测，淘汰阳性鸡，建立阴性鸡群达到净化的目的。由于鸡毒支原体和滑液支原体不仅可以垂直传播，还可以以极高的效率造成鸡群的水平传播感染，因此净化需要建立在严格的生物安全基础上，如鸡群的全进全出，养殖场周围2千米范围内没有传染源，鸡舍最好安装空气过滤系统等。

2. 治疗

商品鸡群和未免疫活疫苗的种鸡群在发病后可以使用抗生素进行治疗，常用的抗生素有泰乐菌素、泰妙菌素、氟苯尼考等。抗生素的治疗只是减轻发病后的临床症状，很难清除，在停药后很容易出现反复。另外抗生素耐药性的问题近些年在鸡毒支原体和滑液支原体日趋严重，因此必须建立在药物敏感性试验的基础上进行抗生素选择。

四、鸡球虫病

（一）概述

鸡球虫病是由一种或多种艾美耳球虫同时或先后寄生于鸡肠道上皮细胞，致使肠道上皮细胞脱落和坏死，造成肠黏膜出血排出血样粪便的一种寄生原虫病。鸡球虫病广泛流行分布于世界各地，只要有养鸡的地方，就会有球虫病的发生。在无有效防控措施或防治措施效果不佳的情况下，死亡率可高达 50%～80%，全球每年因球虫病造成的损失可达数亿美元以上。

（二）病原学

鸡球虫属于原生动物门，孢子虫纲，球虫目，艾美耳科（Eimeriidae）、艾美耳属（*Eimeria*）。对鸡致病性最强的两种为柔嫩艾美耳球虫（*E. tenella*）和毒害艾美耳球虫（E. necatrix），分别寄生于盲肠和小肠。其他常见的球虫还包括巨型艾美耳球虫（*E. maxima*）、堆型艾美耳球虫（*E. acervulina*）、早熟艾美耳球虫（*E. praecox*）、布氏艾美耳球虫（*E. bnmetti*）及和缓艾美耳球虫（*E. mitis*），这几种球虫致病性较弱，均寄生于小肠。

7 种不同鸡球虫的生活史都包括三个生殖阶段：即孢子生殖（sporogony）、裂殖生殖（merogony）和配子生殖（gametogony），其中孢子生殖在体外环境中完成，因此也称为外生性发育，另外两个阶段在宿主体内，因此也称为内生性发育。从孢子生殖发育到裂殖生殖，再发育到配子生殖，再由配子生殖形成新的子孢子，进而完成了球虫的三个发育阶段形成一个循环。卵囊随粪便排出，在适应的温度和湿度下经过 1～2 天发育为感染性卵囊，被鸡吃进以后，子孢子释放出来，侵入肠道上皮细胞进行不断地有性和无性繁殖，破坏上皮细胞，使上皮细胞脱落和死亡，从而引起肠道疾病。

孢子化的球虫卵囊对环境和消毒药有很强的抵抗力。一般的消毒药很难将其杀死，在土壤中能够存活 1 年左右的时间，但这种类型的卵囊对高温及干燥环境抵抗力较弱，因此对于发过球虫病的鸡舍在空棚期可以在消毒后将鸡舍充分干燥，干燥后再使用火焰消毒的方式对鸡舍进行彻底的消毒，降低因上批鸡存活的卵囊引起本批鸡感染球虫病的风险。

（三）流行病学

世界上任何一个地方只要养鸡，就会有球虫病的发生。鸡球虫病在我国从东到西，从南到北均有相关报道，每年都会有球虫病的发生，只是每年的严重程度不一样。球虫病的发生一般需要适应的温度和湿度，所以温暖潮湿的季节更易发生球虫病，如每年的 4～

9月，其中7～8月最为严重。随着集约化养殖程度的不断提高，球虫病的发病季节也变得越来越不明显。

各个品种，各个日龄的鸡均会发生球虫病的感染，3～7周龄的鸡群最易发生球虫病，且该周龄发生球虫病的死亡率也最高，成年鸡多数情况下因为之前感染过球虫从而获得了一定的免疫力。发病鸡和隐性带虫鸡是该病的主要传染源，排出的粪便常含有大量的卵囊污染饲料和垫料等等，鸡常因为啄食了被污染的饲料和垫料等引起发病。目前对鸡生产影响最大的球虫主要是柔嫩艾美耳球虫和毒害艾美耳球虫。

（四）临床症状

发生球虫病后病鸡多精神萎靡，缩头闭眼，羽毛蓬松，采食量和饮水量下降，鸡冠苍白，鸡因采食较少迅速消瘦，排出红色或酱油色粪便，或者排出“饲料便”。

根据临床症状的严重程度和病程的长短可以分为急性球虫病和慢性球虫病两种。

急性球虫病：多由柔嫩艾美耳球虫或毒害艾美耳球虫引起。柔嫩艾美耳球虫（盲肠球虫）多发生于3～5周龄的雏鸡，病鸡精神萎靡，羽毛倒立，缩头闭眼，腹泻，排红色血样粪便，鸡多在排红色血样粪便后1～2天内死亡。毒害艾美耳球虫（小肠球虫）主要发生在6～14周龄的育雏后期和青年鸡阶段，临床症状与盲肠球虫基本一致，主要是排出的血便颜色更暗更黏稠。

慢性球虫病：主要由巨型艾美耳球虫、堆型艾美耳球虫等一种球虫感染引起或多种球虫混合感染引起。感染鸡会排泄水样粪便，病程稍长者粪便中常有黏液，鸡群的饮水量上升，采食量下降。

（五）病理变化

急性球虫病：剖检可见盲肠一侧或是两侧肿大数倍并充满血液，感染1周后，未死亡的鸡盲肠内常有凝血块或干酪样物质。小肠球虫剖检时主要是小肠胀气，可达正常的2～3倍，肠壁充血、出血和坏死，肠道内常有血液或凝血块。

慢性球虫病：病变主要集中在小肠，肠道表面有散在局灶性的灰白色坏死灶，排列成横行，外观呈现阶梯状，肠壁增厚，内含水样液体，严重时肠道内会出现黄色或红色的黏液和血液。

（六）诊断

根据流行病学、临床症状和病理变化可对该病做出初步诊断。实验室可以采用饱和盐水漂浮法或粪便直接涂片法观察到球虫卵囊的存在来作为球虫感染判断的依据。

（七）预防和治疗

1. 预防

球虫疫苗免疫：使用鸡胚传代致弱或早熟选育致弱的虫株制备的疫苗进行免疫接种，可使鸡群获得对免疫虫株的保护性，对其他类型的球虫感染一般无保护，因此需要根据当地球虫流行情况和饲养日龄选择合适的疫苗。另外，球虫免疫需要经过鸡体循环 2～3 次才能建立足够的免疫力，因此在此期间需要严格控制药物的使用，同时需要做好垫料的管理。

改变饲养模式：由地面养殖改为网上养殖或笼子养殖降低鸡与垫料和粪便的接触，可以有效地降低球虫病的风险；

加强饲养管理：因球虫卵囊的孢子化需要适应的温度和湿度，因此加强饲养管理，控制鸡舍的湿度，使球虫卵囊不能孢子化或减缓孢子化的速度，可以从一定程度上降低鸡群发生球虫病的风险；

其他生物安全措施：如加强空舍期的消毒，延长空舍期的干燥时间等。

2. 治疗

抗生素治疗是发生球虫病后可以采用的方法，但是目前可选择的抗生素球虫都已经有耐药性的出现，因此需要定期进行球虫敏感性药物筛选，同时需要制定合理的球虫药物使用方案，如轮换用药、穿梭用药等。常可以用于球虫病治疗的药物有马杜霉素、盐霉素和地克珠利等。

第六章

雪山鸡产品加工与质量控制

优质鸡提供了鸡肉消费的中、高端产品，其生产和消费的增长与我国日益庞大的中等收入阶层（预计 2025 年总数达 3.5 亿人）息息相关，这是该产业发展的主要动力之一。除此以外，鸡产品尤其是加工鸡肉产品的日益丰富也是推动产业发展的一大动力。优质鸡的加工是产业发展的纽带，不但可以提升产业附加值，而且可以降低养殖端的风险，有效保障产业健康发展。随着 90 后及千禧一代逐渐成长为消费的主流，消费形式的多样化和生活方式的快节奏，以及“愿意花更多钱消费更优质和自己喜爱的产品”的消费理念，都将促进优质鸡乃至整个家禽产业的变化与发展。基于发达国家终端消费市场最新趋势的分析，优质鸡消费的增加需要行业针对新生代消费者开发出丰富的加工产品如即食（ready-to-eat）、即煮（ready-to-cook）的成品或者半成品，同时通过塑造产品品牌，延长产业链经营，实现企业利润的增长和企业品牌的形成。

第一节　雪山鸡产品与品牌

一、产品

冻品：单件产品 9.5 千克/箱、内包装为方底袋、外包装为纸箱。每箱产品只数分别为 5～13 只不同规格的草鸡。以上冻品全部为全净膛的白条鸡产品，根据客户需求也可做成分割品。

鲜品：单件产品 12 千克/箱（筐）、内包装为方底袋、外包装为纸箱（筐）。每箱产品只数分别为 8～13 只不同规格的草鸡；公司也有采用热收缩真空彩袋包装或气调包装的产品。产品规格有整只鸡、1/2、1/4 只和根据客户需求做造型鸡等产品。

加工型：将活禽屠宰放血、脱羽毛、去内脏、预冷、分级、计量包装的鸡体加工后，在－28℃以下速冻库急冻使产品中心温度达到－15℃的产品。经过纸箱包装成定量后存入－18℃以下冷藏库的冷冻产品。然后冷链物流车辆发货、销售。

冰鲜型：将活禽屠宰放血、脱羽毛、去内脏、预冷、分级、计量包装的鸡体加工后，在 0～4℃的冰鲜库使产品中心温度达到 0～4℃的产品。冷链物流车辆发货、销售。

二、品牌

雪山牌草鸡是由江苏立华牧业股份有限公司科技人员经多年潜心研究，利用中国优质地方良种藏鸡、茶花鸡为主要素材，经多种杂交选育而成的草鸡新品种，包括雪黄、雪麻、雪黑和雪山草鸡四个品种。该品种鸡野性足，善飞翔，适合采用舍饲和围网放牧相结合的方式饲养，充分增加户外运动和充足光照。商品成鸡体型中等、青脚细腿、外观美丽，公鸡红背黑尾，母鸡麻羽。上市的日龄公鸡 85 天左右，母鸡 120 天左右，单个体重 1.25～1.5 千克。其肉质纤维细嫩滑、鲜香可口，适宜煲、烧、炒等多种方式烹调，深受广大消费者喜爱。雪山鸡性成熟早，公鸡 45 天啼鸣，母鸡 100 天产蛋。此鸡长羽快，基本无啄羽现象。抗病能力强，适合多种方式饲养。商品鸡的生产成本低、售价高，市场容量大，效益好。公鸡 84～90 天上市，体重 1.4～1.5 千克，料肉比 2.8∶1；母鸡 120 天上市，体重 1.25～1.5 千克，料肉比 3.5∶1。

第二节　冰鲜型雪山鸡加工

一、屠宰前管理与检验

毛鸡在销售、屠宰前，由养殖公司的片区管理员对饲养农户

（养殖场）的毛鸡采样到化验室送检，化验检测人员对各项兽药残留（VDR）检测合格后予以通报告知。营销部人员安排毛鸡出栏销售（屠宰）。对存在兽药残留的活禽采用延长饲养日期，待鸡体自身排泄一段时间二次复检达标后再安排出栏。所有进入食品公司屠宰的毛鸡都要每车现场抽样再次复检，以便确定100%合格。

入厂检查是否有《动物检疫合格证》；查验毛鸡数量、证物是否相符，了解途中鸡只病、死情况等。经现场临车观察未见异常，证物相符时准予进厂。对已确定批量性的病死鸡群、证物不符、检疫证明逾期的、涂改伪造的供应商，禁止入厂。

通过检验的载鸡车辆经过消毒池进入收购区域。严禁使用铁笼运鸡，要求使用塑料周转箱装运。

对毛鸡进行群体检验，检验出病态可疑的鸡只，然后将可疑的个体进行单独检验，确定为病、死鸡只必须按照《病、死鸡无害化处理规定》进行处理。合格毛鸡由收购人员核实鸡只数量后填写收购记录表，驻场动检人员开具准宰证。

对毛鸡的扣水和扣杂根据鸡体表面的羽毛的干净程度进行确定；对毛鸡的重量及均匀度进行检测等。

二、屠宰加工工艺流程

（一）工艺流程一

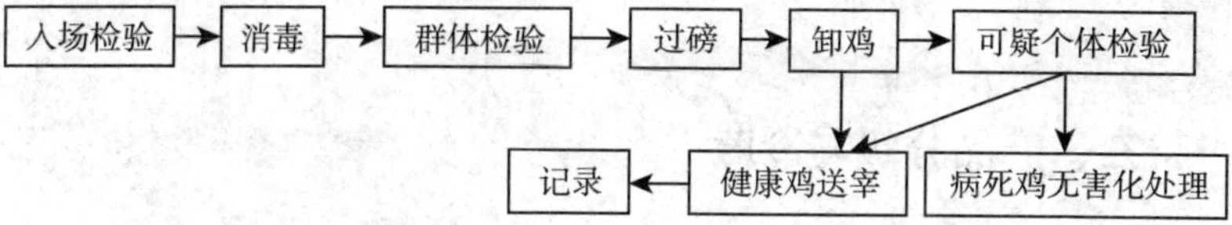

（二）工艺流程二

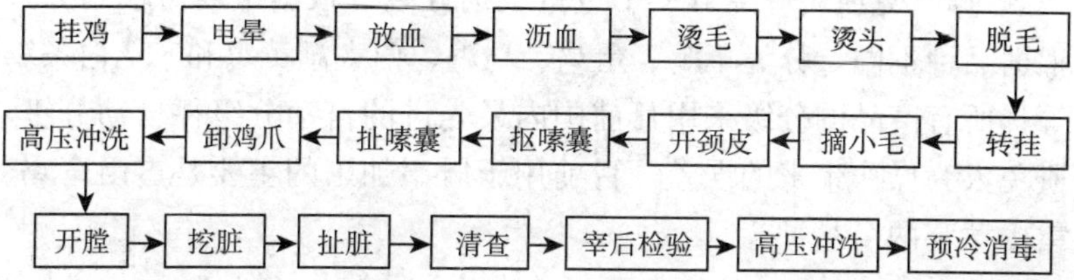

（三）工艺流程三

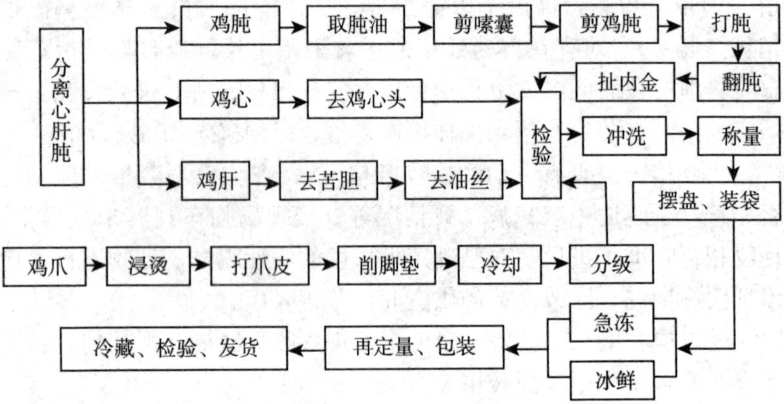

（四）工艺流程四：块冻箱包装流程

（五）工艺流程五

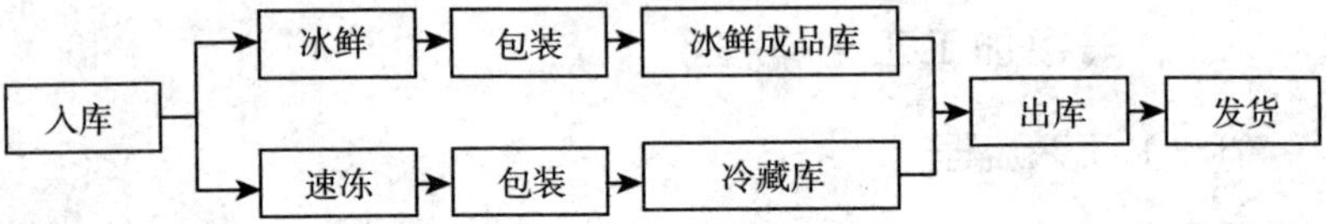

三、产品分级与冷藏

（一）重量分级及名称要求

每 50 克或 100 克分一个重量级别分级（根据市场需求划分）。根据品种不同，分为草鸡、蛋鸡、乌鸡、西太湖黄鸡和 817 白条鸡等。所有产品的分级采用目前国内最先进的自动分级秤自动分级，避免人为操作带来的误差。目前用于屠宰加工的主要是雪山草鸡、雪山黄鸡两个品种。

（二）计量、包装

计量：标准件按要求定量。定量配称时只能同一规格或相邻规格进行大小调换，且一个标准件中只能出现一个配称产品。不可切分或单独小块肉添称现象。

包装：小包装一般用于盘腿单冻白条鸡，单个产品用合适的包装袋分别包装，鸡头朝向包装袋底部，鸡背朝向包装袋的正面，扎口要紧，袋口距扎口处1.5～2.5厘米，不得有外露现象；大包装是单个小包装鸡只直接放入包装箱（冻盒）中，大包装白条鸡需要将包装箱（冻盒）衬上方底袋或单皮，头颈镶嵌在鸡翅下。摆放时要求鸡只背部朝上，鸡头所在的右翅稍倾斜向上，也有的要求鸡头塞入胸皮内，真空单只包装，整齐摆放，保证鸡头不接触冻盒；单层摆放，做好标识。

装箱：将速冻好的产品（产品中心温度－15℃）磕到合适的包装箱进行包装，尽量保持产品的摆放形状；彩袋覆膜产品要求速冻后装覆膜袋，再摆入包装箱，保证包装平整、美观，封口要严，做好过程标识。

（三）冷藏、发货

产品验收合格后方可入库并做好分清品名、规格，数量，检查无错误后签字接收；库内卫生要保持清洁，由库管每天清理，冷库要做好五防工作：防尘、防火、防盗、防潮（防霉或防腐）、防鼠。库内不得存放影响卫生的物品或可能造成相互污染、串味的食品。不得同库存放生鲜食品与熟产品。出口产品不得和非出口产品混放。不同类产品分别存放并标识清楚，不合格品、非食用品和食用品要分区域存放并做好标识，食用品中的副产品和分割产品也要分区域进行存放并做好标识。

冰鲜产品表面卫生、内部质量，入冰鲜库的检查单上所标识的产品数量是否与实物相符，以免漏转；检查包装情况及车辆卫生是否符合规定要求；检查冰鲜库的温度、湿度是否符合要求；要配备自动温度记录装置，并定期校准；产品中心温度≤4℃方可出库；每天对库存产品进行清查，建立相应的台账，记录入出库情况。产品出库时，应根据入贮时间、批次做到先进先出。

（四）库存期限、保质期

冰鲜产品在0～4℃的条件下，库存期为3天，超期后转做冷冻产品。冰鲜产品在0～4℃的条件下，保质期为7天。对过期的冰鲜产品，进行降级处理或无害化（焚烧）处理。

冷冻产品在－18℃以下的条件下，库存期为6个月，超期视为异常库存（战略库存除外）；保质期为12个月。

四、安全管理与质量控制

（一）卫生管理

肉鸡屠宰加工环境、人员、车间、设施、生产设备、废弃物处理等的卫生管理应符合GB/T 20094的规定，生产用水应符合GB 5749的要求，屠宰卫生检疫按照NY 467规定执行。

（二）原料要求

原料鸡应来自非疫区且为养殖公司自养的毛鸡，持有产地动物防疫监督机构出具的检疫合格证明。由质检人员把关，确认健康无病的，鸡在宰前必须停食，并应充分给水。

（三）肉鸡宰杀

宰前检验、挂鸡、电晕、放血、浸烫、脱毛、净膛、清洗（清查）、修整等工序应按NY/T 1340规定操作。

（四）鸡胴体预冷减菌

采用三罐式水预冷。第一罐水温10～15℃，第二、三罐水温0～4℃，预冷水相对胴体逆向流动。预冷总时间为45分钟，预冷后的鸡胴体温度控制在0～4℃。鸡胴体依次通过减菌水池，杀菌消毒剂为稳定态的次氯酸钠和电解水，水的有效氯浓度为30～50毫克/千克，消毒时间15～20分钟。

预冷水量要求2.5千克以下的鸡胴体每只2.5升，保证水面覆盖住全部胴体。

预冷池的水温每小时测量一次，每隔4小时需换水一次。发现漂浮杂质必须及时捞出，以保持水质清洁。

预冷后的鸡胴体必须马上进行转挂，不得有积压。

产品在分级车间的温度应控制在12℃以下，分割滞留时间应小于0.5小时，分割刀具、框箱和工作人员双手应每隔1小时消毒一次，所用消毒剂应符合GB 14930.2的要求。鲜品成品库温度应控制在－2～2℃。

（五）微生物控制

清洁区空气菌落总数应不高于30CFU/（皿·5分钟）（Φ90毫米平皿静置5分钟）；工具、器具、设备、操作台面、操作手等表面微生物菌落总数应不高于100 CFU/平方厘米；经减菌处理和预冷后，鸡胴体表面微生物菌落总数应不高于1×10^3 CFU/平方厘米。

（六）标志、标签、包装、贮藏和运输

标志与标签：包装、贮运标志应符合GB/T 191和GB/T 6388的规定，标签应符合GB 7718的规定。

包装形式与规格：可采用真空包装、气调包装或普通包装形式，其中气调包装允许使用的气体有氧气、二氧化碳和氮气。包装规格允许有定量和不定量包装。

包装材料：应符合国家卫生标准和卫生管理办法的规定，不应含有有毒有害物质，不改变肉的感官特性。包装材料不应重复使用，内、外包装材料分库存放。

贮藏：冰鲜鸡肉产品应贮藏在温度－2～2℃，相对湿度80%～90%的环境中，产品中心温度应保持在0～4℃。贮藏库应保持清洁、整齐、通风，应防霉、除霉、定期除霜，并应符合国家有关卫生要求，有防霉、防鼠、防虫设施，定期消毒。同一库内不应存放可能造成相互污染或者串味的食品。库内产品与墙壁距离不少于30厘米，与地面距离不少于10厘米，与天花板应保持一定距离。产品应按不同种类、批次分垛存放，并加以标识。

运输：产品运输、流通温度应控制在0～4℃，其他运输要求按照GB/T 20799的规定执行。

记录：记录冰鲜鸡肉生产过程中的各项技术措施与参数。

（七）坚持“质量第一，预防为主”的原则和制度、规范化管理为辅

半成品控制检查。

产品在生产过程中的“自检”、“互检”、“专检”

产品检验：成品一般分以下三种：合格品、不合格品、废品。

建立质量控制点管理制度。

建立不良品的召回以及改进计划管理制度。

建立质量管理培训制度和考核办法。

第七章

雪山鸡育种新技术及新品系选育

第一节　雪山鸡选育技术

早熟、肉用、屠宰、繁殖、生长和抗逆性状是优质鸡选育关注的主要性状，公鸡鸡冠发育性状相关基因（CHADL）分子标记、肉用性状的非测定选择方法、饲料转化率选育、两阶段选择繁殖性状、鸡腿部皮肤毛孔密度性状相关基因（Wnt3a）分子标记和抗病力提升是雪山鸡相关性状选育关注的重点。雪山鸡全基因选择方案也在有序进行。优质鸡全基因组选择育种新技术的应用，可以将我国的优质鸡资源充分利用起来，快速、精准地实现定向选择、培育出我国自己的高品质优质鸡新品种，有效提升国产品种的市场竞争力。

一、雪山鸡相关性状选育技术

（一）雪山鸡早熟性状

鸡冠是优质鸡比较重要的一个标志性状，通过对鸡冠发育进行选育，培育鸡冠大而红的品系。研究发现鸡冠高度遗传力为0.651，为高遗传力性状，可采用个体选择进行早熟性状的选育。由于鸡冠是由多基因控制的数量性状，采用常规选育方法，根据鸡冠的大小，淘汰小鸡冠个体，这种选种方式，不仅增加了饲养成本，而且遗传进展缓慢。随着高通量测定平台的发展，通过分子标记手段从遗传上对鸡冠发育进行早期选择成为可能。

选取鸡软骨样基因（Chondroadherin-like，CHADL）编码区位于1号染色体正义链第49,789,655位SNP位点（rs316423539）中的AA基因型作为鸡冠大小性状的辅助选择和分子遗传育种标记，建立一种快速检测试剂盒（已经申请发明专利，专利号：ZL2018 109359272），对鸡冠大小，主要是鸡冠高度进行早期选择，操作简单，节省生产成本并加快遗传进展，更好地服务于优质鸡的育种。

公鸡鸡冠发育性状相关基因分子标记检测方案如下：

1. 检测目的

通过公鸡鸡冠发育相关基因的分子标记辅助育种，对配套系公鸡的早熟性状进行选择，提高优质肉鸡屠宰后的屠体标识度。

2. 检测原理

CHADL基因与公鸡鸡冠发育密切相关，其第二内含子的第619位点（G/A）的变异与鸡冠高度存在显著相关，因此可以使用普通PCR技术和直接测序分析技术来检测优势基因型。

3. 选择方案

5周龄时，对群体内所有公鸡每个个体鸡冠进行高度测定，同时进行基因分型，保留鸡冠发育较好的优势基因型个体。

4. 检测方案

（1）检测试剂

Tris饱和酚、蛋白酶K、氯仿、异戊醇、乙醇、dNTP、琼脂糖、Pfu DNA Polymerase、ddH_2O、TE缓冲液。

（2）检测仪器与耗材

一次性注射器、高速离心机、PCR仪、水平凝胶电泳仪、2毫升离心管、离心管架、移液器和吸头、凝胶成像仪。

（3）采样

一次性注射器翅静脉采血。

（4）DNA提取

酚仿法提取DNA。

(5) PCR 扩增与鉴定

①引物设计

从 Ensembol 上获取鸡 CHADL 基因的全长序列，用 Primer 5.0 设计引物。

②反应体系（20 微升）

DNA 模板 1 微升、2 毫摩尔 dNTP 2 微升、3 毫摩尔 Mg^{2+} 0.6 微升、10×PCR 反应缓冲液 2 微升、10 微摩尔正反向引物各 0.5 微升、1U/微升 Taq 聚合酶 0.2 微升，加 ddH_2O 至总体积 20 微升。

③PCR 反应条件

95℃ 3 分；94℃ 20 秒，60℃ 20 秒，72℃ 20 秒，共 35 个循环；72℃ 5 分。

④电泳与测序鉴定

PCR 产物使用 1%琼脂糖凝胶电泳分析，并测序验证。

5. 结果判定

结果判定标准如下：雪山鸡中存在 GA，GG 和 AA 三种基因型。其中 AA 型和 GA 型个体的鸡冠高度显著高于 GG 基因型，可以通过淘汰 GG 纯合子个体的方法来辅助提高公鸡的鸡冠发育水平。

6. 鸡群处理

在检测结果出来的 3 天内，全部淘汰 GG 纯合子的个体。并将淘汰结果备案。

（二）雪山鸡肉用性状

屠宰率是肉鸡生产中的重要性状，在优质肉鸡育种中越来越受重视。屠宰率的遗传力估计值在 0.3 左右。各分割块（胸、腿、翅等）占屠体百分率的遗传力估计值一般在 0.3～0.7。总的来看，这些性状的遗传变异比较大，但由于准确测定这些性状比较困难，测定样本不大，影响了这些性状的直接遗传改良。

屠体的主要缺陷有龙骨弯曲、胸部囊肿。这些缺陷对屠体价值的影响很大，如发生率高会造成较大经济损失。这些缺陷与饲养管理因素和遗传因素都有关。随着肉鸡早期生长速度的提高，这些缺陷的发生率有随之提高的趋势，但通过适当的管理措施，有可能阻止这一发展趋势。

为了使屠宰率和主要部位（胸、腿）比例提高，形成了高产肉率的肉鸡新类型，同时解决龙骨弯曲和胸部囊肿问题。公司通过多年的探索，总结出了一套行之有效的非测定选择方法，即手摸活体鸡胸腿肌发育丰满度、紧致度和胸囊肿的“三摸”法。

1. 横握胸形

手法：单人操作，一手持鸡双腿保定；一手曲呈 V 型，掌心横向卡握鸡只龙骨前缘及两侧胸部。

目的：判定胸形、胸肌丰满度、胸囊肿。

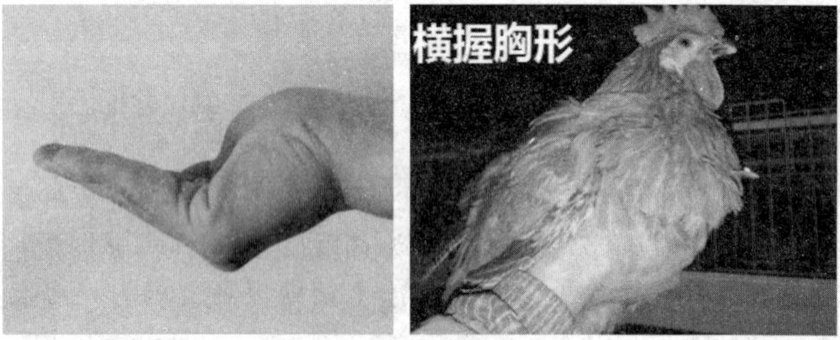

图 7－1　横握胸形

2. 纵摸龙骨

手法：手势平伸，顺势纵向下探鸡只胸腹部位，握摸整个龙骨及两侧腹部。

目的：判定肌肉丰满度、龙骨发育、囊肿。

3. 环握双腿

手法：双手呈环状，分别握持鸡只左右两腿股骨（大腿）部位；

目的：判定腿肌丰满度、紧致度。

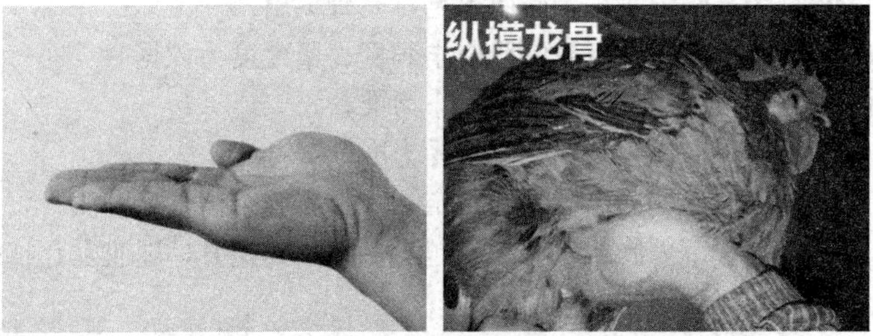

图 7-2　纵摸龙骨

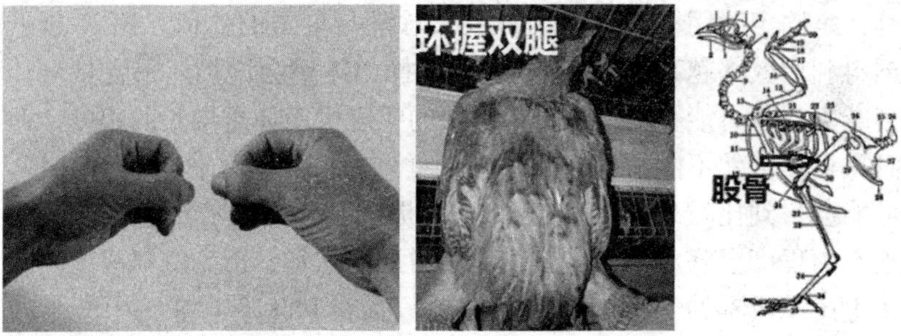

图 7-3　环握双腿

4. 分级及处理方法

为细化和区分胸腿肌发育差异，按如下情况分级：

一级：胸肌、腿肌均发育良好。

二级：胸肌均发育一般；腿肌均发育一般。

处理方法：如淘汰数量充足，优先淘汰。

三级：胸肌发育不良；腿肌发育不良；胸囊肿；龙骨弯曲。

处理方法：出现上述任一情况即淘汰。

分级细则说明：

(1) 胸形判定：以该部位横切面为依据

U 型为一级，表现为胸肌理想、丰满、浑圆呈弧形，不易感觉到龙骨；

V 型为二级，表现为两侧胸肌呈三角形，龙骨感觉明显；

Y 型为三级，表现为胸肌不足，龙骨突出。

(2) 腿肌判定：以双腿肌肉丰满度、紧致度为依据

丰满度以腿部最粗外径围大小为准；

紧致度以肌肉密度的感官感受为准。

胸囊肿会影响胸形的准确判定，对胸囊肿个体直接淘汰。

正常情况下，胸肌发育越好越不易感觉到龙骨，腿肌发育越好保定持握时紧致感越强。

(三) 雪山鸡生长性状

饲料转化率（Feed conversion rate，FCR）也称为饲料利用率，是固定时间段内动物饲料摄入总量与增重的比值，FCR 越低饲料利用效率越高。对 FCR 进行选择，体重会增加，采食量可能会减少，也可能会增加，只是增加的幅度少于体重增长的幅度，此时采食量依然不能得到改善。在同样增重下，对采食量进行选择，可能会得到比较理想的效果。FCR 是比率，不服从正态分布，非正态的程度会随着分母变异系数的增加而增加。由于饲料成本占养禽生产总成本的 60%～70%，因此，饲料转化率与养鸡生产的经济效益密切相关。

剩余采食量（residual feed intake，RFI）为维持代谢和生产过程所需期望饲料采食量与实际饲料采食量的差值，是采食量和生产性状组合推导出来的一种线性指数。研究表明，遗传选择低 RFI 可使后代吃更少饲料但不影响生长性能，原因是维持体重和日增重无论在表型上还是在遗传上都独立于 RFI。

肉鸡饲料转化率的遗传力较高，理论估计值均在 0.4 左右，但实现遗传力平均只有 0.25。耗料增重比与增重的遗传相关为－0.50，与耗料量的相关为 0.22。因此，在肉鸡育种实践中主要也是利用选择提高早期增重速度来间接改进饲料转化率。饲料转化率的直接选择现在越来越受重视。但由于测定个体饲料的消耗量费时费力，所以在实践中可以采用①以家系为单位集中饲养在小圈内，测定家系耗料量，然后对家系平均饲料转化率进行选择；②按早期体重预选后，测定部分公鸡的阶段耗料量（单笼饲养），然后做

选择。

1. 种禽采食量自动测定系统

公司采用种禽采食量自动测定系统进行耗料量的测定和记录，该系统包括测定站和电脑传输设备。个体佩戴电子芯片后，测定站（图 7-4）通过红外线扫描电子芯片识别个体，自动记录个体进入、退出测定站的时间，进出前后测定站的料重（两者的差值为单次采食量）以及实时记录个体在每次采食中的体重。测定站的两个重要组成元件是体秤和料秤：料秤采用密封式设计，防风防尘，受外界环境影响较小，稳定性好，准确性高；体秤暴露于空气，个体采食时垫料和砂石会影响准确性，因此试验期间每隔 2 天对体秤的杂质进行清扫。开始时每周对体秤和料秤进行校正。测定站收集数据后实时上传至终端服务器。

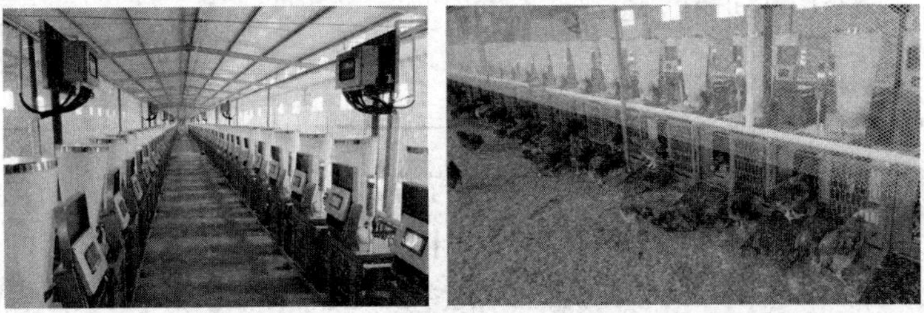

图 7-4　种禽采食量自动测定系统

2. 饲养管理

个体出雏时淘汰弱雏，进行羽色选淘，在 32 日龄进行外貌初选。育雏阶段（0～5 周龄）采用封闭式育雏舍群养。育成阶段个体转入纵向通风封闭肉鸡舍地面平养，舍内隔成小栏，每栏安装采食量自动测定器 20 台，每栏测定鸡只数为 220～250 只；24 小时光照，全程使用饮水线饮水。从笼养转到平养，易发生球虫，要求对测定品系转入测定舍前 5 天安排球虫免疫。同时考虑平养易造成白痢的横向传播，加大白痢预防药物的使用。

3. 性状测定时间节点及指标

表 7-1 性状选择时间节点及指标

项目	日龄
出苗	1天
初选	30～35天
复选	45～49天
第一次称重选种	49天
称重、佩戴电子芯片	50天
采食量测定开始	52天
采食量测定结束、称重	80天

雪山鸡M、F系于52日龄进行为期28天的测定，由自动化测定系统记录个体每日的采食量和个体体重。测定开始和结束时间见上表。由于个体在一天内会多次进入测定站，因此当天单次采食量的累加为每日采食量，当天测定同一只鸡所有体重的中位数作为每日体重，测定开始前和结束时进行全群称重。测定结束后计算公鸡的FCR和RFI值。

4. 核算模型

FCR（料肉比）：耗料量/体重。

RFI核算模型：$RFI = ADFI - (b_0 + b_1 * MMBW + b_2 * ADG)$，其中$b_0$为截距，$b_1$、$b_2$为偏回归系数，ADFI为个体每日采食量的平均值；$BW = u + a * DOT + e$，$u$为截距，$a$为回归系数，表示ADG，DOT为测试天数，BW为每日体重，e为残差，将DOT带入公式得到中期体重MBW，MMBW为中期平均代谢体重（$MBW^{3/4}$）。

5. 数据处理及分析

(1) 表型数据预处理

鉴定和分析原始数据，对自动测定系统记录中有明显错误的数据（如采食量有负值）进行处理；剔除死亡个体的数据；以天为单位，求出群体体重和采食量的平均值和标准差，去除 3 个标准差以外的极值；剔除极值后统计个体采食量和体重缺失的天数。

(2) 统计分析

对预处理后的数据，进行个体 FCR、RFI 的统计，根据不同类型的品系使用 FCR 或 RFI 进行个体的选留。

6. 选留率及选留方案

公鸡选留率为 55%～65%，首先将精神状态差及残次鸡只淘汰，然后按 RFI 从小到大排序，结合 FCR 和体重，选留 55%～65%的鸡只转到相应的育成舍；对应的母鸡按照全同胞关系进行选淘，选留比例为 75%～80%。

(四) 雪山鸡繁殖性状早期选择的优越性

(1) 缩短世代间隔

①用完整记录（72 周龄）产蛋数做选择时，世代间隔为 85 周龄左右，而早期选择的世代间隔为 52 周，缩短世代间隔 33 周。虽然早期选择的选择准确性有所下降，但由于世代间隔大幅度缩短，从 72 周龄产蛋数的年遗传改进量来看，早期选择仍优于直接选择；②早期选择后留取继代繁殖用的种蛋时，公母鸡仍处于繁殖旺盛期，种蛋数最多、质量好、受精率和孵化率均高，可在较短时间内留取足够的种蛋，以保证有较高的选择压，并减少孵化批次；③早期选择时一般都把世代间隔控制在一年，这样可以做到每年一个世代，使每年的育种鸡群处于相对一致的环境条件中，便于鸡群周转、生产管理和控制环境效应；④由于记录个体产蛋数的时间大幅度缩短，降低了收集育种数据的费用。

(2) 两阶段选择

常规早期选种时产蛋量的选择准确率只有 60%左右，即便是用改进方法，准确率也很难超过 70%。早期选择的准确率低，是影响产蛋量遗传改进的重要因素。延长产蛋量记录期、推迟选种周龄，可以提高选种准确率，但世代间隔相应延长，所以每年遗传进展反而并没有增加。为解决产蛋量选择中世代间隔与选择准确率的矛盾，可采用两阶段选择，即“先选后留”与“先留后选”相结合的方法。

两阶段选择方法的核心，是利用早期产蛋记录做第一次粗选之后，一方面继续做产蛋量的个体记录，另一方面组建新家系繁殖下一代育种群。这样在空间上把中后期产蛋量记录期与后代的育雏、育成期重叠起来，等到下一代转入产蛋鸡舍前，亲代育种观察群已有 68 周龄左右的产蛋测定成绩。根据这一成绩对育种群作第二次选择，只有来自中选家系的后备鸡才能进入下一代育种观察群，作个体产蛋成绩测定。这样，可以在保持早期选择优越性的前提下，大幅度提高选择准确性。两阶段选择中一个重要的问题是选择压的分配。如果第一次选择的留种率过大，则使孵化和育雏、育成数增加很多，大幅度提高了育种成本；而当第一次选择留种率很低、第二次选择的留种率很高时，则由延长产蛋记录期带来的好处有限，很难有效地提高选种准确率。因此，在实际应用时需要结合育种群的实际情况、育种成本及饲养条件的限制等因素做具体计算分析。两阶段选择方法除有利于产蛋量的选择外，也可在选择中考虑产蛋中后期的蛋重、蛋品质、耗料量、体重等性状，使这些性状的改良向着更符合育种需要的方法发展。两阶段选择法的不足之处是增加了产蛋成绩的记录量和育雏育成量，但在提高选种准确率方面的收益应当是大于这种支出。而且第二次选择后淘汰的育成鸡可转到种鸡场使用。

(3) 选择方案

M 系为终端父系，不进行产蛋选择，因此只对 N 系和 F 系进行产蛋选择。

23～27 周龄时，分析公鸡及其同胞姐妹的生长性能和其他性状，选择性能好的公鸡；种鸡开产后进行个体产蛋记录，观察其产蛋量、蛋重。43 周龄产蛋性能统计结束后，按育种值成绩选留产蛋性能好的母鸡。对选留下来的公、母鸡一般在避开近亲交配的基础上，组成新家系。组建 80～100 个家系，公母比例为 1∶10～12。与此同时，所有留用母鸡继续对产蛋进行记录到 60 周龄。N 系后代出苗量公母分别为 8 000 羽、8 000 羽，F 系后代出苗量公母分别为 12 000 羽、12 000 羽。后一代在第一次大称选种（7 周龄）后，根据上代 60 周龄产蛋数计算育种值，根据统计成绩进行排名淘汰。一般第一阶段即后备期淘汰率 30%～40%，第二阶段即产蛋期淘汰率 40%～55%。

（五）雪山鸡屠宰性状

在品系选育的过程中，同时进行屠体外观重要标志性状的选育及其分子遗传基础研究，寻找相关分子标记。本部分主要讨论皮肤毛孔性状。

在各品系 63 日龄和性成熟时，屠宰 30～50 只，采集皮肤组织，测定毛孔密度、直径、皮肤厚度等屠体外观性状，解析皮肤毛孔形成和发育的分子机制，筛选鉴定对屠体外观性状有影响的关键基因和分子标记。

如：鸡腿部皮肤毛孔密度性状相关基因（Wnt3a）分子标记检测方案

1. 检测目的

通过皮肤毛孔密度相关基因的分子标记检测，对纯系鸡的毛孔密度进行选择，提高鸡屠宰后的屠体美观度。

2. 检测原理

Wnt3a 基因与鸡皮肤毛孔密度相关，其第四内含子的第 254 位点（T/G）的变异与腿部皮肤毛孔密度存在显著相关，因此可以使用普通 PCR 技术和直接测序分析技术来检测优势基因型。

3. 检测方法

9 周龄时，在对群体进行毛孔密度统计的同时，对群体内所有个体采集血样进行基因分型，选择毛孔密度较大的优势基因型个体留种。

4. 检测方案

（1）检测试剂

Tris 饱和酚、蛋白酶 K、氯仿、异戊醇、乙醇、dNTP、琼脂糖、Pfu DNA Polymerase、ddH_2O、TE 缓冲液。

（2）检测仪器与耗材

一次性注射器、高速离心机、PCR 仪、水平凝胶电泳仪、2 毫升离心管、离心管架、移液器和吸头、凝胶成像仪。

（3）采样

一次性注射器翅静脉采血。

（4）DNA 提取

酚仿法提取 DNA。

（5）PCR 扩增与鉴定

①引物设计。从 Ensembol 上获取鸡 Wnt3a 基因的全长序列，用 Primer 5.0 设计引物。②反应体系（20 微升）。DNA 模板 1 微升、2 毫摩尔 dNTP 2 微升、3 毫摩尔 Mg^{2+} 0.6 微升、10×PCR 反应缓冲液 2 微升、10 微升正反向引物各 0.5 微升、1 U/微升 Taq 聚合酶 0.2 微升，加 ddH_2O 至总体积 20 微升。③PCR 反应条件。95℃ 3 分；94℃ 20 秒，60℃ 20 秒，72℃ 20 秒，共 35 个循环；72℃ 5 分。④电泳与测序鉴定。PCR 产物使用 1%琼脂糖凝胶电泳分析，并测序验证。

5. 结果判定

结果判定标准如下：雪山鸡中存在 GG ，TT 和 TG 三种基因型。其中 GG 型个体的腿部皮肤毛孔密度最低，显著低于 TG 和 TT 两种基因型，可以通过淘汰 GG 纯合子个体的方法来辅助提高腿部皮肤的毛孔密度。

6. 鸡群处理

在检测结果出来的 3 天内，全部淘汰 GG 纯合子的个体。并将淘汰结果备案。

（六）雪山鸡抗逆性状

生存与健康是进行高效生产的基础，而死亡率高一直是困扰养鸡生产顺利发展的主要因素。因此，提高鸡的生活力不但要使鸡生存，而且应使之保持良好的健康状态。表现成活率（育雏育成期和产蛋期）受环境因素（广义，指除遗传成分以外的所有因素，包括免疫接种）的影响非常强烈，其遗传力估计值几乎没有超过 0.10 的。因此，单纯对成活率进行选择很难收到确实的效果。这方面的研究主要集中在如何提高遗传抗病力。

选择抗病力的方法有：①观察育种群的死亡率及病因，通过遗传分析找出死亡低的家系，进行家系选择。此时的死亡多为环境因素造成，由于遗传抗病力并未充分表现，因此，选择效果并不理想。②将育种群个体的同胞或后裔暴露在疾病感染环境中，使个体的抗病力充分表现出来，进行同胞选择或后裔测定。选择效果较好，但费用很高，而且需要专门的鸡场和隔离设施，以防疾病传播。③利用与抗病力有关的标记基因或性状对抗病力进行间接选择。其费用比前一种方法低很多，效果较好，是目前较常采用的方法。研究最多的是主要组织相容性复合体（MHC）与抗病力的关系。

第二种对育种场生物安全体系及疾病净化带来较大隐患，第三种分子标记方法目前尚未有非常明确且有效的手段，经过综合评估后，公司采用死亡率和残次率进行选择。记录 1 日龄至 7 周龄的死亡和残次个体的翅号，第一个世代计算出各全同胞家系和半同胞家系的成绩，按统计结果选留死亡和残次低的家系。通过第二个世代的记录计算出亲本的抗病指数，然后计算育种值，第二个及之后世代均依据育种值进行选留。7 周龄各品系公鸡淘汰率 35%～45%，母鸡淘汰率 25%～35%。

二、基因组选择育种

（一）全基因组选择的概念

全基因组选择（genomic selection，GS）是基于基因组育种值进行的，通过检测覆盖全基因组的分子标记，利用基因组水平的遗传信息对个体进行遗传评估，以获得更高的育种值估计准确性。

GS应用在肉鸡育种中的推荐性状包括：表型遗传力低性状、测定周期长（如产蛋性状）、产肉率和腹脂率等活体不易测量性状等。

（二）全基因组选择的方法

目前 GS 主要采用 SSGBLUP 方法（single step genomic BLUP）又称为一步法，间接法贝叶斯类方法计算速度较慢，难于用于育种实践。一步法（SSBLUP）不仅可以估计被基因分型的个体，还可以评估未进行基因分型的个体，应用性强。2010 年 Misztal、Christensen 等先后提出一步法，SSGBLUP 法的核心是将传统的血缘关系矩阵 A 矩阵与基因组关系矩阵 G 矩阵合并，重新构建出新的关系矩阵 H 矩阵。该方法将表型、基因型和系谱信息整合到了一个直接的遗传评估过程中，更加方便与准确，所以很快成为基因组育种值评估的标准方法。SSGBLUP 将用一个联合系谱信息及基因信息的矩阵 H 代替原来的亲缘关系矩阵 A。其中，H 是一个联合系谱及基因信息的矩阵，H^{-1}是 H 阵的一个逆阵，A 的左下角标 1 和 2 分别代表没有进行基因分型的群体和进行基因分型的群体，A^{-1}是 A 阵的逆矩阵，G 是一个基因组关系矩阵，G^{-1}是 G 的逆矩阵。SSGBLUP 方法既能将全基因组遗传标记用于畜禽遗传评估，又能将未经基因分型检测的个体纳入遗传评定模型，因此允许了仅有部分个体测定基因型即可实施 GS 选育。同时克服了一些经济价值较小的物种（猪或家禽）不能实现全部个体进行基因检测分型的问题，为企业实施全基因组选育大大降低了检测成本。从生产应用的角度来说，一步法对企业来说性价比最高（主要在时间和金钱成本上）。

SSGBLUP 公式：

$$\begin{bmatrix} X'X & X'Z \\ Z'X & Z'Z+H^{-1}K \end{bmatrix}\begin{bmatrix} \hat{\mu} \\ \hat{\alpha} \end{bmatrix}=\begin{bmatrix} X'Y \\ Z'Y \end{bmatrix}$$

其中 H 矩阵的公式为：

$$H^{-1}=A^{-1}+\begin{bmatrix} 0 & 0 \\ 0 & \tau G^{-1}-\omega A_{22}^{-1} \end{bmatrix}$$

设置 G 和 A_{22} 在 H 矩阵中的相对权重：

$$G_W = (1-\alpha)\ G + \alpha A_{22}$$

调整 G 矩阵与 A 矩阵的尺度一致：

$$G^* = a + b * G$$

其中，a 和 b 的计算公式为：

$$Avg\ (diag\ (G))\ * b + a = Avg\ (diag\ (A_{22})) \quad (1.1)$$

$$Avg\ (offdiag\ (G)\ * b + a = Avg\ (offdiag\ (A_{22})) \quad (1.2)$$

合并后的 H 的公式为：

$$H^{-1} = A^{-1} + \begin{bmatrix} 0 & 0 \\ 0 & \tau\ [\ (1-\alpha)\ (a+b*G)\ + \alpha * A_{22}]^{-1} - \omega A_{22}^{-1} \end{bmatrix}$$

备注：

a 和 b 为 1.1 和 1.2 公式计算而来。

α 为 G 矩阵不能解释的变异的百分比，这部分由 A_{22}（测序个体的系谱关系矩阵）解释 τ 和 ω 相对权重，默认 τ 为 1，ω 为 1。

本次的参数为，a 和 b 根据公式 1.1 和 1.2 计算得出，α 为 0，τ 为 1，ω 为 1。

对于使用过 BLUP 选育的公司来说，SSGBLUP 的优势在于：

GEBV 比 EBV 的变异更小，所以 GEBV 更准。

育种值越高的个体，EBV 和 GEBV 的排序差异越大，所以使用 GEBV 选留更准。

和 BLUP 相比，GS 选育在留种率 15%时就可保证前 10%优秀个体被选留。

在数据积累一定程度时，通过 GEBV 进行仔猪的早期淘汰比例可以更高（比如 70%），而且不易造成群体优良基因流失。

可以实现全同胞对之间的差异选择，可以提升屠宰、肉质等测定昂贵或者低遗传力性状的选育效果。

（三）全基因组选择的流程（见图 7－5）

（四）雪山鸡全基因组选择

1. 基因芯片选择

“京芯一号”育种芯片是由中国农业科学院北京畜牧兽医研究

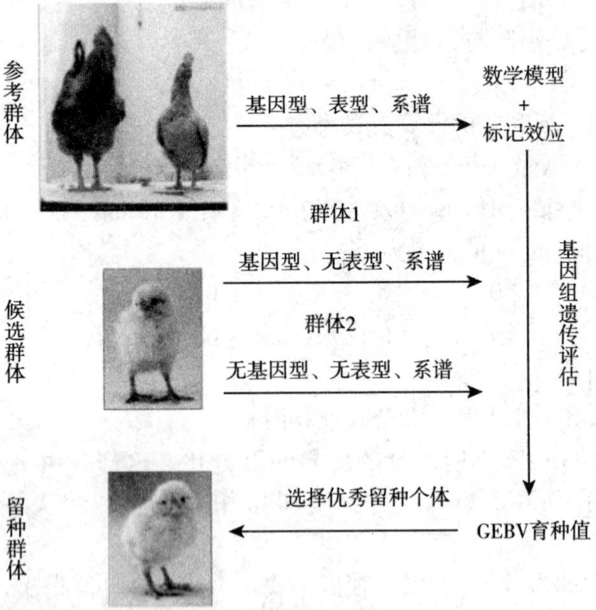

图 7-5　全基因组选择流程图

所与康普森生物联合研制开发，是国内首款针对本土肉鸡分子育种的基因分型芯片。其设计原理为：

全基因组重测序：我国地方品种和广泛应用的育种素材；

筛选 SNP 位点：选育目标兼顾性状（生长/屠体/肉质/抗病）、最小等位基因频率 MAF 大于 0.01、已报道的功能相关基因位点，确定候选 SNP 位点；

根据品种、性状优先情况、去除重复位点、加入特殊位点等确定芯片位点；初筛 16.5 万 SNP 位点，选留 5.5 万位点；

芯片制作：24 制式。

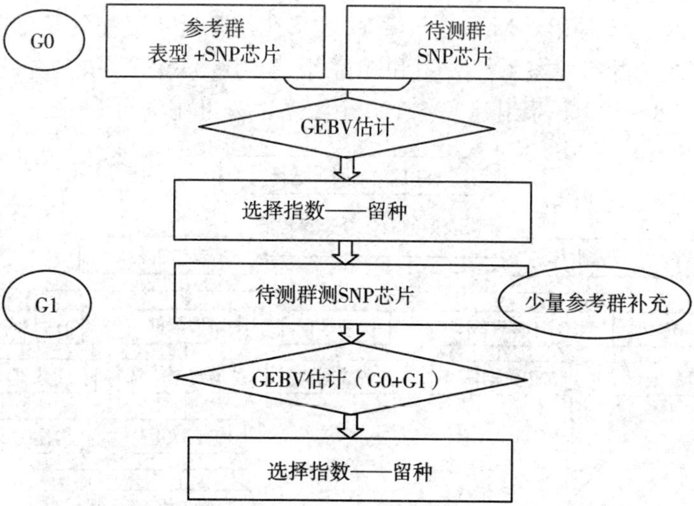

图 7－6　基因芯片选择

2. 基因组选择方案

2.1　选择性状

M 系选择饲料报酬和腹脂率，N 系和 F 系选择产蛋性能（总合格蛋数）及腹脂率。

2.2　检测时间及数量

时间：M 系 12～15 周龄，N 系和 F 系 28～30 周龄；

数量：首个检测世代 2 000 只（公 400 只、母 1 600 只），之后每世代 1 000 只（公 200 只、母 800 只）。

2.3　选留时间

M 系在 15～17 周根据饲料报酬和腹脂率的 GEBV 进行综合指数选择，N 系和 F 系在 15～17 周根据产蛋性能（总合格蛋数）及腹脂率的 GEBV 进行综合指数选择。

2.4　选择压

M 系公鸡留种率 30％～50％，母鸡留种率 45％～60％；N 系、F 系公鸡留种率 35％～50％，母鸡留种率 50％～60％。

2.5　组建新家系，繁育下一代

30～35 周龄，M 系、N 系和 F 系在避开近亲交配的基础上根据同质选配组建家系。M 系和 N 系组建 60～80 个家系，公母比例为 1∶8～12；F 系组建 80～100 个家系，公母比例为 1∶12～15。

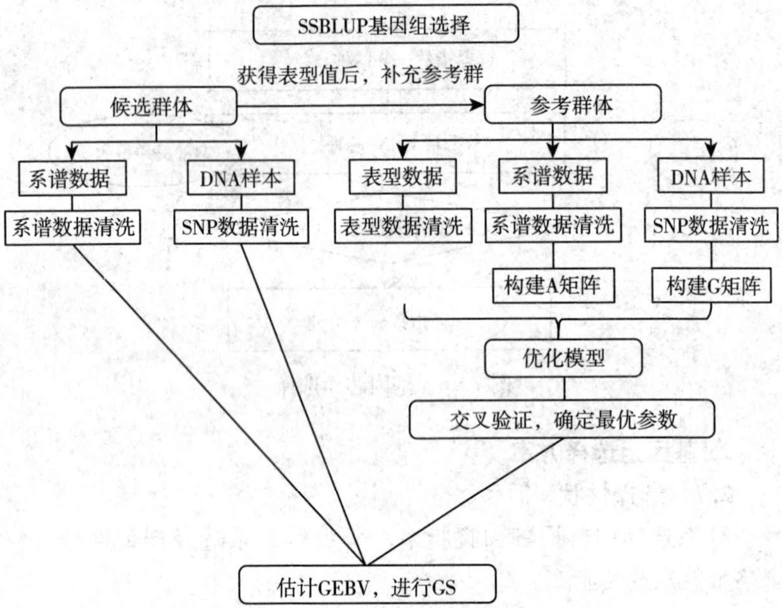

图 7-7　SSBLUP 基因组选择

第二节　雪山鸡新品系选育

雪山鸡 dw 矮小型青胫麻羽系是 2010 年江苏立华牧业股份有限公司着手雪山鸡节粮型配套系的探索，利用 N 系与矮小型黄胫麻系通过 3 个世代的杂交、回交和横交固定获得了 dw 矮小型青胫麻羽系。2012 年利用 N 系与慢羽型黄胫麻系通过 3 个世代的杂交、回交和横交固定获得了慢羽型青胫麻羽系。

一、dw 矮小型青胫麻羽系

（一）矮小型基因 dw 的优势

性连锁矮小型基因 dw 为生长激素受体缺陷基因，与之对应的是显性普通体型基因 DW。dw 基因对鸡的生长和体型发育影响极其显著，而这种影响是随着生长发育过程逐步表现出来的。初生时，矮小型鸡和正常型鸡在体重和骨骼长度方面没有明显差异。因此，dw 基因不能被用来实现初生雏的自别雌雄。到成年后，矮小型母鸡体重减少约 30%，公鸡体重减少更多。在骨骼方面，主要是长骨也受 dw 基因的影响。在生长过程中矮小型鸡的脂肪含量比正常鸡高得多，但在成年后反而比正常型要少。由于体重及体组成上的变化，dw 基因可使耗料量减少 20%左右。dw 基因对产蛋性能的影响较大。在肉用种鸡，产蛋量在多数情况下还有增加（+3%），加上因体重减少而得到饲料消耗量减少的好处，饲料转化率有十分显著的改进（+37%）。此外，dw 基因可大幅度降低畸形蛋和软壳蛋的发生率，减少破蛋率。矮小鸡在生产上的另一好处是体型变小后，不但可以加大饲养密度，而且可以使用更矮小的鸡笼，因而节约材料和饲养空间。研究证明，dw 基因对鸡的死亡率、受精率和孵化率等均无不良影响，而且在对马立克氏病的抗性、耐高温能力方面还有优势。

因此，矮小型鸡用做肉用种母鸡时，不但耗料少、饲养密度大，而且产蛋量多、种蛋合格率高，孵化率也略好，所以有一定利用价值。

（二）dw 矮小型青胫麻羽系的培育

2010 年公司着手雪山鸡节粮型配套系的探索，在此背景下利用 N 系与矮小型黄胫麻系通过 3 个世代的杂交、回交和横交固定获得了 dw 矮小型青胫麻羽系。相关性能见表 7-2、表 7-3。

表 7-2　矮小型青胫麻羽系繁殖性能

项目	指标
1～20 周龄耗料量（千克）	6.53～6.72
开产日龄（天）	151
开产体重（克）	1 510
产蛋高峰周龄（周）	28
高峰产蛋率（%）	84.5
66 周龄产蛋数（HH）（个）	184.5
66 周龄产种蛋数（HH）（个）	175.2
66 周龄产蛋数（HD）（个）	190.1
66 周龄产种蛋数（HD）（个）	181.8
受精率（%）	94.6
入孵蛋孵化率（%）	89.1
成活率（1～24 周龄）（%）	97.2
成活率（25～66 周龄）（%）	96.3
66 周龄母鸡体重（克）	2 150.8

表 7-3　矮小型青胫麻羽系生长性能

性别	7 周体重（克）	11 周体重（克）	开产体重（克）	43 周体重（克）
公	680	1 056	1 942	3 710
母	535	828	1 510	2 050

（三）dw 矮小型青胫麻羽系的选育

1. 选育的主要方向

早熟性（鸡冠发育）、体重均匀度、产蛋性能。

2. 各性状的选择方法

羽色：个体表型选择。初生雏选留深麻色，12～16 周龄选留母鸡深麻羽，留种公鸡要求羽色除翼羽、主尾羽、镰羽为黑色外、其余全身红色或金黄色。

胫色：个体表型选择。初生雏选留胫、趾青（黑）色的个体，12～18 周龄选留胫、趾青（黑）色个体，淘汰浅青色及草绿色、肉色个体。

体重：个体结合家系选择。7 周龄进行第一次选择，11 周龄进行第二次选择，选留平均值±1 个标准差内的个体。

胫长：个体表型选择。零世代和一世代全部个体测量胫长，留种个体平均值要求略高于群体平均值。

鸡冠发育：个体表型选择。选择冠长、冠高、冠色，选留的鸡要求冠面积大、冠红、面色红。公鸡在 30～35 日龄选择，母鸡在 14 周龄选择。

冠形的选择：个体表型选择。主选单冠且直立者，淘汰其他冠形和倒冠者。

产蛋性能：记录开产日龄、开产体重、60 周龄产蛋数、蛋重。根据育种值进行选择。

3. 各阶段的选择重点

选种时间：

第一次：1 日龄选择。出雏时，根据系谱资料进行雏鸡带翅号及个体记录工作，统计每个家系的受精率、孵化率和健雏率等指标，淘汰孵化性能过低的家系。选择深麻羽、黑胫、单冠、光胫的健康个体，淘汰含有白羽及杂羽等不合格的家系。

第二次：5～7 周龄。主要是公鸡冠选择和第一次体重选择。公鸡冠选择在 30～35 日龄进行。公母鸡均在 7 周末进行全群个体称重，然后根据个体及家系成绩进行选留。此阶段各品系选种内容还包括健康状况、羽色、胫色、冠色、冠型等的选择。

第三次：10～15 周龄。公母鸡均在 11 周末进行第二次全群个体称重，然后根据个体及家系成绩进行选留。母鸡 14 周龄进行鸡冠选择，这也是母鸡的鸡冠等性成熟特征表现较为明显的时间。此阶段选种内容还包括发育状况、羽色、胫色、冠色、冠型、体型等的选择。选留羽色光泽、冠大直立等符合要求，发育状况良好的公母鸡。

第四次：在20～27周龄时进行。选择白痢检测非阳性、精液品质好的公鸡个体。

选择压：公鸡留种率3%～8%，母鸡留种率15%～30%。

组建新家系，繁育下一代：分析公鸡及其同胞姐妹的生长性能和其他性状，选择性能好的公鸡；种鸡开产后进行个体产蛋记录，观察其产蛋量、蛋重。产蛋性能统计结束后，按育种值成绩选留产蛋性能好的母鸡。对选留下来的公、母鸡一般在避开近亲交配的基础上，组成新家系。组建60～80个家系，公母比例为1∶8～12。

二、慢羽型青胫麻羽系

（一）慢羽型的利用优势

雏鸡在初生时，一般只有主、副翼羽及其覆翼羽生长出来，其余部位均为绒毛。翼羽的生长速度有较大差异，这种差异主要由一个位点上的等位基因决定的。主翼羽生长速度快，初生时明显长于覆主翼羽者称为快羽，相应的快羽基因为隐性，用小写k表示，而在初生时主翼羽长度等于或短于覆主翼羽者为慢羽，相应的基因为显性，用大写K表示。用快羽公鸡与慢羽母鸡杂交，产生的雏鸡可根据羽速自别雌雄，快羽为母雏，慢羽为公雏。羽速基因是白来航型白壳蛋鸡及肉鸡中目前唯一可以用来做雌雄自别的性连锁基因。

为了提高雌雄鉴别效率，降低人工鉴别成本，降低翻肛鉴别对雏鸡造成的机械性损伤，减少雏鸡损耗，减少鸡白痢等疾病的传播，开展雪山鸡羽速自别配套系的研究。

（二）慢羽型青胫麻羽系的培育

2012年公司利用N系与慢羽型黄胫麻系通过3个世代的杂交、回交和横交固定获得了慢羽型青胫麻羽系。相关性能见7－4、表7－5。

表 7-4　慢羽型青胫麻羽系繁殖性能

项目	指标
1～20 周龄耗料量（kg）	8.37～8.52
开产日龄（d）	152
开产体重（g）	1 890
产蛋高峰周龄（周）	29
高峰产蛋率（%）	83.2
66 周龄产蛋数（HH）（个）	172.2
66 周龄产种蛋数（HH）（个）	163.5
66 周龄产蛋数（HD）（个）	177.6
66 周龄产种蛋数（HD）（个）	168.8
受精率（%）	94.9
入孵蛋孵化率（%）	89.3
成活率（1～24 周龄）（%）	96.6
成活率（25～66 周龄）（%）	96.3
66 周龄母鸡体重（g）	2 780

表 7-5　慢羽型青胫麻羽系生长性能

性别	7 周体重（克）	11 周体重（克）	开产体重（克）	43 周体重（克）
公	760	1 275	2 388	3 410
母	595	994	1 890	2 650

（三）慢羽型青胫麻羽系的选育

1. 选育的主要方向

早熟性（鸡冠发育）、体重均匀度、产蛋性能。

2. 各性状的选择方法

羽速：个体表型选择。零世代、一世代初生雏选留慢羽鸡，10 日龄左右剔除主翼羽、尾羽长出的个体。

羽色：个体表型选择。初生雏选留深麻色，12～16 周龄选留母鸡深麻羽，留种公鸡要求羽色除翼羽、主尾羽、镰羽为黑色外、其余全身红色或金黄色。

胫色：个体表型选择。初生雏选留胫、趾青（黑）色的个体，12～18 周龄选留胫、趾青（黑）色个体，淘汰浅青色及草绿色、肉色个体。

体重：个体结合家系选择。7 周龄进行第一次选择，11 周龄进行第二次选择，选留平均值±1 个标准差内的个体。

胫长：个体表型选择。0 世代和一世代全部个体测量胫长，留种个体平均值要求略高于群体平均值。

鸡冠发育：个体表型选择。选择冠长、冠高、冠色，选留的鸡要求冠面积大、冠红、面色红。公鸡在 30～35 日龄选择，母鸡在 14 周龄选择。

冠形的选择：个体表型选择。主选单冠且直立者，淘汰其他冠形和倒冠者。

产蛋性能：记录开产日龄、开产体重、60 周龄产蛋数、蛋重。根据育种值进行选择。

3. 各阶段的选择重点

3.1　选种时间

第一次：1 日龄选择。出雏时，根据系谱资料进行雏鸡带翅号及个体记录工作，统计每个家系的受精率、孵化率和健雏率等指标，淘汰孵化性能过低的家系。选择深麻羽、黑胫、单冠、光胫个体，淘汰含有白羽及杂羽等不合格的家系。淘汰快羽个体及其全同胞家系。

第二次：5～7 周龄。主要是公鸡冠选择和第一次体重选择。公鸡冠选择在 30～35 日龄进行。公母鸡均在 7 周末进行全群个体称重，然后根据个体及家系成绩进行选留。此阶段各品系选种内容还包括健康状况、羽色、胫色、冠色、冠型等的选择。

第三次：10～15 周龄。公母鸡均在 11 周末进行第二次全群个体称重，然后根据个体及家系成绩进行选留。母鸡 14 周龄进行鸡冠选择，这也是母鸡的鸡冠等性成熟特征表现较为明显的时间。此阶段选种内容还包括发育状况、羽色、胫色、冠色、冠型、体型等的选择。选留羽色光泽、冠大直立等符合要求，发育状况良好的公母鸡。

第四次：在20～27周龄时进行。选择白痢检测非阳性、精液品质好的公鸡个体。

3.2　选择压

公鸡留种率3%～8%，母鸡留种率15%～30%。

3.3　组建新家系，繁育下一代

分析公鸡及其同胞姐妹的生长性能和其他性状，选择性能好的公鸡；种鸡开产后进行个体产蛋记录，观察其产蛋量、蛋重。产蛋性能统计结束后，按育种值成绩选留产蛋性能好的母鸡。对选留下来的公、母鸡一般在避开近亲交配的基础上，组成新家系。组建60～80个家系，公母比例为1∶8～12。

参 考 文 献

陈耀春，2002. 中国家禽业的过去现在和未来［J］. 中国禽业导刊（22）：6-7.
范昕，2017. 博物馆里，这些你不知道的“鸡”的历史溯源［N］. 文汇报，02-08（10）.
龚道清，2014. 肉鸡饲养关键技术［M］. 北京：中国农业出版社：39-70.
何玉鹏，叶文斌，苏满春，2019. 优质鸡产业化发展现状与存在的问题分析［J］. 饲料博览（8）：45-48.
洪平，1989. 饲料原料要览［M］. 青岛：中国海洋大学出版社：24-57.
康相涛，2003. 我国优质鸡发展现状及展望［J］. 河南畜牧兽医（1）：4-5.
李东，1996. 我国鸡的育种历史、现状和新进展［J］. 中国家禽（3）：2-4.
梁远东，韦平，韦凤英，2018. 优质型肉鸡市场分析与产业发展对策［J］. 中国家禽，40（8）：1-4.
林小春，2015. 中国北方可能在1.1万年前开始养鸡［N］. 中国文物报，01-06.
刘延清，李海华，何道华，2016. 优质蛋鸡产业发展状况及趋势分析［J］. 南方农村，32（4）：20-23.
路雨，张振磊，2010. 历史悠久的汶上芦花鸡［J］. 中国畜牧业，2016（23）：84.
买合木提·克衣木，宋迎春，陈东颖. 我国优质鸡生产的现状、问题及发展趋势［J］. 江西饲料（6）：1-2.
毛国祥，2008. 高成本时代考验优质鸡产业发展［C］. 中国畜牧业协会禽业分会：中国畜牧业协会：81-85.
莫棣华，2007. 杏花鸡的发展历史与现状［J］. 中国禽业导刊（3）：33.
秦志华，李可心，陈先奎，1993. 中国农村工作大辞典. 北京：警官教育出版社：第43.
任文洁，2019. 中国北方地区先秦时期“六畜”功能研究［D］. 杨凌：西北农林科技大学.
王会群，朱魁元，张丽，2010. 动物饲养标准概述饲［J］. 饲料料博览（3）：15-16.
王生雨，连京华，廉爱玲，2003. 我国养鸡业历史回顾及未来发展趋势［J］. 山东家禽（1）：8-13.
韦平，2019. 当前优质鸡产业面临的挑战与发展机遇——论优质鸡产业发展九大议题［J］. 中国家禽，41（11）：1-6.
温志芬，2004. 国内优质鸡发展状况及趋势［C］//全国家禽业发展研讨会暨中国畜牧业协会禽业分会一届二次理事会特邀发言材料. 北京：中国畜牧业协会：9-13.
肖凡，2007. 浅谈我国优质鸡发展的现状和趋势［C］//中国家禽业—机遇与挑战—第十三次全国家禽学术讨论会论文集. 北京：中国畜牧兽医学会：680-685.
熊本海，罗清尧，周正奎，等，2018. 中国饲料成分及营养价值表（2018 年第 29 版）制订说明［J］. 中国饲料，2018（21）：63.
徐海荣，2000. 中国娱乐大典［M］. 北京：华夏出版社.
徐廷生，郭黛健，雷雪芹，2004. 我国斗鸡的饲养概况与开发利用前景［J］. 河南科技大学学报（农学版）（04）：36-39.
严华祥，1998. 优质鸡产业化进程的现状及展望［J］. 中国家禽（8）：5-7.
杨凤，1991. 动物营养学［M］. 北京：中国农业出版社：61-75.
詹勋，邹仕庚，张常明，2007. 家禽饲料的配制与加工技术［J］. 养禽与禽病防治（7）：18-19.
张新立，2005. 论教育人类学视野中儿童游戏“斗鸡”的内在价值［J］. 内蒙古师范大学学报（哲学社会科学版）（4）：49-52.
Steven Leeson，John D. summers，2007. 鸡的营养［M］. 4 版. 蔡辉益，等，译. 北京：中国农业科学技术出版社：117-217.
Steven Leeson，John D. summers，2010. 实用家禽营养学［M］. 3 版. 沈慧乐，周鼎年，译. 北京：中国农业出版社：31-59.

图书在版编目（CIP）数据

雪山鸡高效健康养殖技术 / 陈国宏，常国斌，张康宁主编．—北京：中国农业出版社，2020.3
ISBN 978-7-109-26624-7

Ⅰ.①雪…　Ⅱ.①陈…　②常…　③张…　Ⅲ.①鸡—饲养管理　Ⅳ.①S831.4

中国版本图书馆 CIP 数据核字（2020）第 033716 号

中国农业出版社出版
地址：北京市朝阳区麦子店街 18 号楼
邮编：100125
责任编辑：李　夷　王华勇　　文字编辑：江社平
版式设计：杜　然　　责任校对：赵　硕
印刷：中农印务有限公司
版次：2020 年 3 月第 1 版
印次：2020 年 3 月北京第 1 次印刷
发行：新华书店北京发行所
开本：880mm×1230mm　1/32
印张：6
字数：160 千字
定价：30.00 元